Albrecht

Computerprogramme zur Mathematik

Stochastik

Schroedel Schulbuchverlag

Computerprogramme zur Mathematik

Stochastik

von

Dr. Uwe Albrecht

Zu diesem Buch ist eine Diskette für den Commodore 64 erhältlich (Best.-Nr. 73104).
Entsprechende Disketten für andere Gerätetypen befinden sich in Vorbereitung.

ISBN 3-507-**73101**-0

Druck $A^{5\,4\,3\,2\,1}$/ Jahr 1989 88 87 86 85

Alle Drucke der Serie A sind im Unterricht parallel verwendbar.
Die letzte Zahl bezeichnet das Jahr dieses Druckes.

Druck: Hans Oeding, Braunschweig

VORWORT

Es scheint nicht ausgeschlossen, daß sich durch die Verfügbarkeit preiswerter und leistungsfähiger Mikro-Computer zukünftig eine inhaltliche Akzentverschiebung des Mathematikunterrichts ergibt und sich in diesem Zusammenhang auch eine tiefergehende didaktische Neuorientierung vollzieht. Zu diesen beiden Aspekten leistet dieses Buch allerdings keinen Beitrag. Seine Zielsetzungen sind andere. Es konzentriert sich auf die traditionellen Inhalte und versucht, diese durch die Einbeziehung von Computern wirkungsvoll zu unterstützen. Nun soll keineswegs der Eindruck erweckt werden, als ob ohne Computer kein guter Stochastikunterricht möglich wäre; die Programme können diesen Unterricht aber sinnvoll ergänzen.
Somit wendet sich diese Schrift vor allem an Lehrer und Schüler der Sekundarstufe II, die nach Möglichkeiten suchen, den Computer unter den folgenden Gesichtspunkten einzusetzen: als Zufallsgerät, mit dessen Hilfe man Zufallsexperimente simulieren kann, als Rechenhilfsmittel und als Medium zur graphischen und tabellarischen Darstellung von Verteilungen. Dabei wird immer ein didaktisches Anliegen verfolgt und nicht angestrebt, umfassende "Anwenderprogramme" zu erstellen. Eigene Programmierkenntnisse sind nicht unbedingt erforderlich, denn Bedienungshinweise in den Programmbeschreibungen garantieren einen reibungslosen Programmablauf, und im übrigen bietet der Verlag die Programme auch auf Diskette abgespeichert an.
Allein durch das Aneignen der Sprachelemente einer Programmiersprache lernt man sicher nicht zu programmieren. Zusätzliche Erfahrung ist nötig, die man einmal durch das selbständige Anfertigen allmählich komplexer werdender Programme erwirbt und zum andern durch die Analyse vorhandener Programme. Das Buch eignet sich also auch für diejenigen Programmieranfänger, die Unterrichtsprogramme und nicht irgendwelche abstrusen Spielprogramme studieren wollen. Aus diesem Grund sind jeweils neben dem Programmabdruck auch ausführliche Bemerkungen zum Programmaufbau aufgenommen worden.
Frau Kleinstoll sei für das Schreiben des Manuskripts herzlich gedankt und dem Verlag für die angenehme Zusammenarbeit.

Der Autor

INHALTSVERZEICHNIS

EINLEITUNG

Alle Programme sind in Simon's Basic geschrieben, einer erweiterten Basic-Version für den Computer Commodore C 64 . Diese Programmiersprache ist auf Diskette gespeichert oder als Steckmodul erhältlich. Sie gewährleistet eine gute Feingraphik; insbesondere besteht die Möglichkeit, ohne programmtechnischen Aufwand aktuelle Parameter, Text und Ergebnisse von Berechnungen auf dem Graphikbildschirm darzustellen, was nicht zuletzt aus didaktischen Gründen wünschenswert ist. Natürlich kann man die Programme auch ohne weiteres in andere Basic-Dialekte übertragen, wenn sie die oben genannten Eigenschaften besitzen; dabei sind meist nur die Graphikbefehle zu modifizieren.

Zahlreiche Fotos illustrieren die Programme. Um zu starke Kontraste und dadurch bedingte Überstrahlungen zu vermeiden, sind die Farben speziell für diese Aufnahmen abgeändert worden: nur hellgrau, dunkelgrau und schwarz wurden benutzt. Weiter ist immer eine dunkle Hintergrundfarbe gewählt worden, damit sich die Bilder deutlicher von der weißen Buchseite abheben.
Die Programmbeschreibungen enthalten neben Bedienungshinweisen auch Erläuterungen zum Programmablauf; manche dieser Bemerkungen werden erst im Zusammenhang mit dem zugehörigen Bildschirminhalt voll verständlich.
Der Verfasser hat sich bemüht, die Programme übersichtlich zu strukturieren; auf Goto-Befehle wurde weitestgehend verzichtet. Dies sowie die Kommentare im Programmaufbau sollen die Analyse der Programme erleichtern. Es wird auch nur auf ein einziges numerisches Verfahren zurückgegriffen, die Simpson-Regel zur Berechnung von Integralen, worüber u.a. Schulbücher zur Analysis II informieren.
Da die Programme nicht allzu lang und die eigentlichen Programmkerne meist noch einmal erheblich kürzer sind, die Syntax der Programmiersprache einfach ist und sich die Befehle beinahe selbst erklären, ist es ohne allzu großen Zeitaufwand möglich, im Unterricht wenigstens einige dieser Programmkerne zu besprechen. Hierbei lernen die Schüler u.a. den Wert von Rekursionsformeln kennen. Darüber hinaus lassen sich die Programme auch abändern oder erweitern.
Viele Programme verlangen vom Benutzer die Eingabe gewisser Parameter, für die Einschränkungen existieren, die in der jeweiligen Programmbeschreibung aufgeführt sind. Beachtet man diese nicht, werden die Fehleingaben vom Programm aus abgefangen, und es startet ohne weitere Erklärungen von vorn.
In manchen Situationen wartet das Programm auf einen Tastendruck zur Fortsetzung. Nicht alle Tasten werden dabei akzeptiert, z.B. nicht "RESTORE". Auf jeden Fall wirksam sind etwa die Buchstabentasten. Hin und wieder wird auch nur "SHIFT" angenommen, worauf in der Programmbeschreibung jedoch gesondert hingewiesen wird.

Das Eintippen der Programme bereitet keine Schwierigkeiten. Es gibt nur wenige Ausnahmen von Zeichen im Programmlisting, die nicht direkt auf der Tastatur erkennbar sind. Welche das sind, welche Wirkung sie haben und wie man sie eingibt, erläutert die folgende Übersicht:

Zeichen	Wirkung	Eingabe
PRINT"■"	Löschen des Bildschirms; Cursor in die linke obere Ecke	gleichzeitig "SHIFT" und "CLR HOME"
PRINT"■"	Cursor in die linke obere Ecke	"CLR HOME"
PRINT"■"	Cursor nach unten	"CRSR" (links)
PRINT"■"	Cursor nach rechts	"CRSR" (rechts)
PRINT"■"	Cursor nach links	gleichzeitig "SHIFT" und "CRSR" (rechts)
PRINT"□"	Cursor nach oben	gleichzeitig "SHIFT" und "CRSR" (links)
PRINT"◣"	Farbwahl türkis	"CTRL" und "4" gleichzeitig
PRINT"■"	Farbwahl blau	"CTRL" und "7" gleichzeitig
TEXT ...,"■..",	Text auf Graphikbildschirm in Großbuchstaben	gleichzeitig "CTRL" und "A"
TEXT ...,"■..",	Text auf Graphikbildschirm in Kleinbuchstaben	gleichzeitig "CTRL" und "B"

Die Programme sind durchgehend so angelegt, daß ihre Resultate auf dem Bildschirm ausgegeben werden. Steht aber zusätzlich ein graphikfähiger Drucker zur Verfügung, kann man durch das Einschieben zweier kurzer Programmzeilen den Bildschirminhalt (Text- und Graphikseite) auch ausdrucken lassen. Fügt man z.B. im Programm 1

```
435 HRDCPY
455 COPY
```

hinzu, veranlaßt Zeile 435 das Ausdrucken der Grafikseite (Diagramm) und Zeile 455 das der Textseite (Tabelle).

Um eine formatierte Zahldarstellung zu erreichen, tauchen in den Programmen regelmäßig etwas umständliche Stringoperationen auf (der USE-Befehl ist hier leider nicht hilfreich). Damit z.B. die Ausgabe von A = 0.0013 nicht in der Exponentialschreibweise 1.3 E-03 erfolgt, wird 1 zu 0.0013 addiert; A enthält dann den Wert 1.0013, der auch so vom Computer angezeigt wird. Danach geht man durch A$ = STR$(A) zur Stringdarstellung über. Da für das Vorzeichen eine Leerstelle reserviert ist, steht in A$ jetzt " 1.0013". Nach dem Abtrennen der beiden ersten Zeichen erhält man A$ = ".0013" und kann nun durch den Befehl A$ = "0" + A$ eine Null vor die

Zeichenkette schreiben. Ein anderer Weg besteht darin, ausgehend von A$ = " 1.0013", das zweite Zeichen in A$ mit A$ = INST("0", A$, 1) durch eine Null zu ersetzen (die Zeichen werden bei Null beginnend gezählt).
Nach der Rundung von Zahlen, etwa auf 4 Nachkommastellen, werden unter Umständen Nullen angehängt. Im Prinzip geht man dabei so vor: B$ sei mit " 0.025" belegt. Weiß man z.B., daß die Zahl zwischen 0 und 1 liegt, müßte die Zeichenkette B$ bei 4 Nachkommastellen die Länge 7 haben, wenn das führende Leerzeichen nicht abgeschnitten worden ist. Da B$ aber nur 6 Zeichen lang ist, werden in diesem Fall 7 - 6 = 1 Null angehängt, und es ergibt sich B$ = " 0.0250".

Programm 1: RELATIVE HÄUFIGKEIT

Programmbeschreibung

Dieses Programm simuliert das 300malige Werfen einer idealen Münze, wobei nach jedem Wurf die relative Häufigkeit des Ereignisses "Zahl" berechnet und auf dem Bildschirm graphisch dargestellt wird. Zum Schluß wird die relative Häufigkeit H_{300} auf 3 Stellen hinter dem Komma gerundet angezeigt. Auf Tastendruck erlischt die Graphik, und es erscheint eine Tabelle mit ausgesuchten relativen Häufigkeiten der Versuchsserie. Nach einem weiteren Tastendruck wechselt das Programm wieder in den Graphikmodus und beginnt mit einer neuen Serie. Aussteigen aus dem Programm kann man durch Drücken der Taste "RUN/STOP". Das Programm ist z.B. im Unterricht einsetzbar zu Beginn eines Stochastikkurses oder auch bei der Behandlung des Bernoulli-Gesetzes der großen Zahlen. Die Graphik zeigt deutlich, wie sich die relativen Häufigkeiten bei verschiedenen Versuchsserien immer wieder bei $\frac{1}{2}$ stabilisieren.
(Vgl. auch Programm 10 und Programm 11).

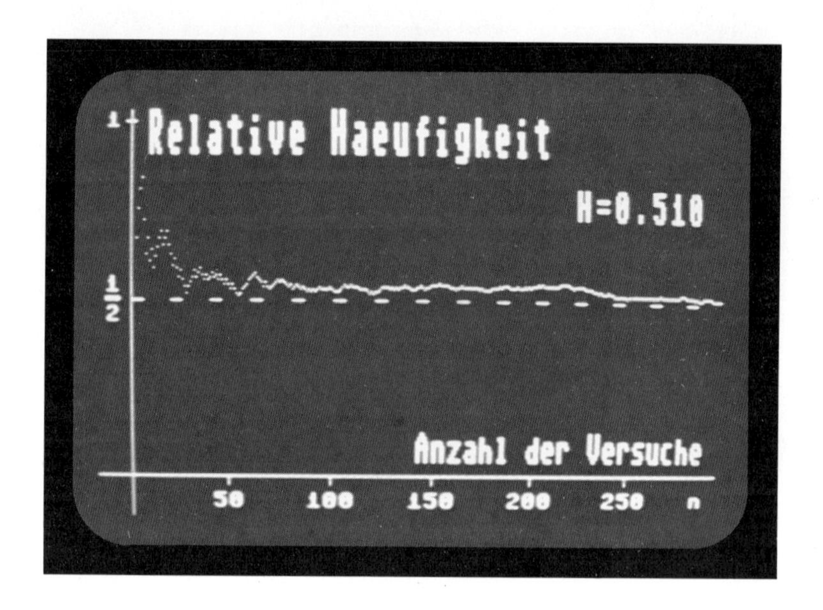

```
10 REM ********************************
20 REM RELATIVE HAEUFIGKEIT (MUENZWURF)
30 REM - ALBRECHT 1984 -
40 REM ********************************
50 PRINT"▀▀▀▀▀▀▀▀▀▀▀▀▀▀▀╭──────────────────────────╮"
60 PRINT TAB(8)"|"TAB(32)"|"
70 PRINT TAB(8)"|     R E L A T I V E     |"
80 PRINT TAB(8)"|"TAB(32)"|": PRINT TAB(8)"|"TAB(32)"|"
90 PRINT TAB(8)"| H A E U F I G K E I T |"
100 PRINT TAB(8)"|"TAB(32)"|": PRINT TAB(8)"|"TAB(32)"|"
110 PRINT TAB(8)"|"TAB(15)"(MUENZWURF)"TAB(32)"|"
120 PRINT TAB(8)"|"TAB(32)"|"
130 PRINT TAB(8)"╰──────────────────────────╯"
140 PAUSE 5
150 PRINT"▀":HIRES 0,7
160 LINE 0,180,320,180,1
170 LINE 19,15,19,200,1: LINE 16,20,19,20,1
180 FOR I=1 TO 60 STEP 4 : LINE 5*I+15,100,5*(I+1)+15,100,1: NEXTI
190 TEXT 5,16,"1",1,1,12
200 TEXT 5,90,"1",1,1,12: TEXT5,96,"—",1,1,12: TEXT 5,103,"2",1,1,12
210 FOR K=1 TO 5: LINE 50*K+19,180,50*K+19,184,1: NEXT
220 TEXT 61,188,"50",1,1,8
230 TEXT 107,188,"100",1,1,8
240 TEXT 157,188,"150",1,1,8
250 TEXT 207,188,"200",1,1,8
260 TEXT 257,188,"250",1,1,8
270 TEXT 305,188,"▀N",1,1,8
280 TEXT 28,15,"R"+"▀ELATIVE "+"H"+"▀AEUFIGKEIT",1,3,10
290 TEXT 160,160,"A"+"▀NZAHL DER "+"V"+"▀ERSUCHE",1,2,8
300 PRINT"▀▀ ANZ. D. VERSUCHE | RELATIVE HAEUFIGKEIT"
310 PRINT TAB(18)"□|"
320 PRINT"─────────────┼──────────────────────":PRINT TAB(18)"□|"
330 Z=0
340 FOR N=1 TO 300
350 X=INT(2*RND(1)):Z=Z+X: H=Z/N: PLOT N+19,180-160*H,1: P=0
360 IF N<=10 OR N/50=INT(N/50) THEN P=1
370 IF P=1 THEN H=INT(H*1000+.5)/1000: H$=STR$(H): H$=RIGHT$(H$,LEN(H$)-1)
380 IF P=1 AND H=1 THEN H$="1.000"
390 IF P=1 AND H=0 THEN H$="0.000"
400 IF P=1 AND H<1 AND H>0 THEN H$="0"+H$: H$=H$+RIGHT$(".000",5-LEN(H$))
410 IF P=1 THEN PRINT TAB(7)NTAB(18)"|"TAB(27)H$
420 NEXT N
430 TEXT 240,50,"H="+H$,1,2,10
440 GET A$: IF A$="" THEN 440
450 CSET0
460 GET A$: IF A$="" THEN 460 :ELSE: GOTO 150
```

Programmaufbau

Während die Graphik auf dem Bildschirm erscheint, wird für den Betrachter unsichtbar im Textmodus eine Tabelle zur Versuchsserie angefertigt.

Zeilen

50-140: Anzeige des Programmnamens für 5 Sekunden

150-290: Koordinatensystem mit Beschriftung im Graphikmodus

300-320: Tabelle mit Beschriftung im Textmodus

330: Häufigkeit Z für Eintreten von "Zahl" wird 0 gesetzt

340;420: 300maliger Durchlauf der For-Next-Schleife

350: Zufallsziehung von X mit Werten 0 (Wappen) und 1 (Zahl); Neuberechnung der bisherigen Häufigkeit für das Eintreten von "Zahl" und der zugehörigen relativen Häufigkeit H; Darstellung der relativen Häufigkeit im Koordinatensystem

360-410: Eintrag der ausgesuchten gerundeten relativen Häufigkeiten in Tabelle (Textmodus); einige String-Operationen, damit Null vor dem Komma erscheint

430: Anzeige der relativen Häufigkeit H_{300} auf dem Graphikbildschirm

440-450: Bei Tastendruck Wechsel in Textmodus

460: Bei Tastendruck Sprung nach 150

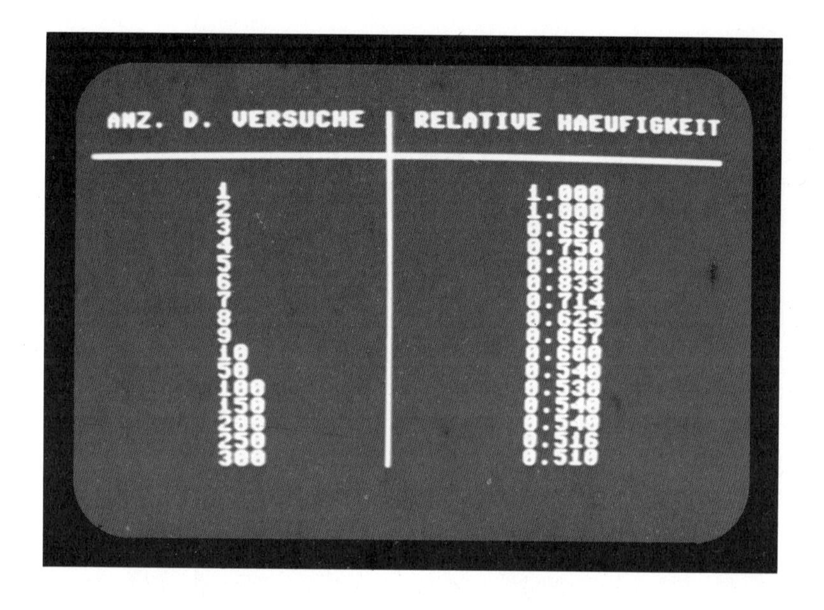

ANZ. D. VERSUCHE	RELATIVE HAEUFIGKEIT
1	1.000
2	1.000
3	0.667
4	0.750
5	0.800
6	0.833
7	0.714
8	0.625
9	0.667
10	0.600
50	0.540
100	0.530
150	0.540
200	0.540
250	0.516
300	0.510

Programm 2: ZIELSCHEIBE

Programmbeschreibung

Es wird 250 mal zufällig auf eine Zielscheibe geschossen, die aus einer inneren hellen Kreisfläche und einem äußeren dunklen Kreisring besteht. Die Einschüsse werden im Innern durch dunkle und im Äußeren durch helle Punkte markiert. Um die Punkte deutlich erkennen zu können, muß man evtl. am Monitor Kontrast und Helligkeit nachstellen. Der Flächeninhalt F(K) des dunklen Kreisrings K macht ungefähr 61 % vom Flächeninhalt F(Ω) der gesamten Zielscheibe Ω aus, so daß die geometrische Wahrscheinlichkeit für einen Treffer dieses Kreisrings gleich $P(K) = \frac{F(K)}{F(\Omega)} \approx 0{,}61$ ist. Um zu demonstrieren, daß es sich dabei um eine sinnvolle Definition handelt (man kann sie als Erweiterung der Laplace-Wahrscheinlichkeit auffassen), wird die geometrische Wahrscheinlichkeit verglichen mit der relativen Häufigkeit für das Treffen des Kreisrings nach 250 Versuchen. Will man die Anzahl der Schüsse z.B. erhöhen, kann man das leicht dadurch, daß man in Programmzeile 150 die Zahl 250 verändert. In der Regel erhält man aber nach 250 Schüssen schon eine recht gute Annäherung der relativen Häufigkeit an den Wert 0,61.
Nach den 250 Versuchen bleibt der Graphikbildschirm so lange sichtbar, bis ein Tastendruck das Programm beendet.

```
10 REM ********************************************
20 REM ZIELSCHEIBE (GEOMETRISCHE WAHRSCHEINLICHKEIT)
30 REM - ALBRECHT 1984 -
40 REM ********************************************
50 HIRES 0,7: T=RND(-TI)
60 TEXT 75,5,"Z"+"▓IELSCHEIBE",1,3,16
70 CIRCLE 160,115,80,80,1
80 CIRCLE 160,115,50,50,1
90 PAINT 160,65,1
100 TEXT 2,50,"V"+"▓ERSUCHE",1,2,10
110 TEXT 250,50,"T"+"▓REFFER",1,2,10: TEXT 252,70,"K"+"▓REISRING",1,1,7
120 TEXT 2,147,"G"+"▓EOM."+"W"+"▓AHR-",1,2,7
130 TEXT 2,166,"▓SCHEINLICHKEIT",1,2,7: TEXT 35,185,"0.61",1,2,8
140 TEXT 240,147,"R"+"▓ELATIVE",1,2,7: TEXT 240,166,"H"+"▓AEUFIGKEIT",1,2,7
150 FOR I=1 TO 250
160 X=RND(1): Y=RND(1): D=SQR(X↑2+Y↑2): IF D>1 THEN 160
170 U=2*INT(RND(1)+.5)-1: V=2*INT(RND(1)+.5)-1
180 XK=160+U*X*80: YK=115+V*Y*80
190 IF D*80>=50 THEN TR=TR+1: PLOT XK,YK,0 :ELSE: PLOT XK,YK,1
200 TEXT 15,75,STR$(I-1),0,2,8: TEXT 15,75,STR$(I),1,2,8
210 IF D*80>=50 THEN TEXT 265,88,STR$(TR-1),0,2,8: TEXT 265,88,STR$(TR),1,2,8
220 NEXT I
230 RH=INT(100*TR/250+.5)/100: RH$=STR$(RH): RH$=RIGHT$(RH$,LEN(RH$)-1)
240 RH$="0"+RH$: TEXT 263,185,RH$,1,2,8
250 WAIT 198,255
260 END
```

Programmaufbau

Zeilen

50-140:	Beschriftung des Graphikbildschirms und Zeichnen eines dunklen Kreisrings
150;220:	For-Next-Schleife
160:	Ziehung zweier Zufallszahlen X und Y; falls Punkt mit Koordinaten (X,Y) außerhalb des Einheitskreises liegt, erfolgt neue Ziehung
170:	Zufallszahlen U und V können jeweils nur Werte -1 oder +1 annehmen
180:	Berechnung der Bildschirmkoordinaten XK und YK aus X und U bzw. Y und V; Bildschirmkoordinaten des Kreismittelpunktes sind (160,115); 1 Längeneinheit entspricht 80 Bildschirmpunkten
190:	Falls Punkt im Kreisring, Erhöhung der Trefferzahl um 1 und Löschen des betreffenden Punktes im dunklen Kreisring, andernfalls Zeichnung eines schwarzen Punktes in helle Kreisfläche
200-210:	Anzeige der neuen Versuchsanzahl und evtl. der erhöhten Trefferzahl
230-240:	Anzeige der relativen Häufigkeit auf zwei Nachkommastellen gerundet und mit Vorkommanull
250-260:	Bei Tastendruck Programmende.

Programm 3: GEBURTSTAGSPROBLEM

Programmbeschreibung

Die Fragestellung des Geburtstagsproblems lautet, mit welcher Wahrscheinlichkeit unter n zufällig ausgesuchten Personen mindestens 2 von ihnen am gleichen Tag Geburtstag haben. Die Zufallsauswahl der n Personen ($n \leq 48$) durch das Programm geschieht dadurch, daß n Zufallszahlen zwischen 1 und 365 stellvertretend für die Geburtstage der n Personen gezogen und in einem Rahmen auf dem Bildschirm dargestellt werden (Schaltjahre bleiben unberücksichtigt). Gleiche Zahlen werden in inverser Schrift kenntlich gemacht; kommen keine Zahlen mehrfach vor, wird das unter dem Rahmen notiert.

Zu Beginn des Programms kann man neben der Personenzahl n auch die Anzahl der Simulationen festlegen, d.h. wie oft eine Gruppe von n Personen zufällig ausgesucht werden soll. Damit man jede Simulation lange genug betrachten kann, ist ein Tastendruck erforderlich, um die nächsten n Zahlen mit einer kleinen programmbedingten Verzögerung erscheinen zu lassen. Zum Schluß wird angegeben, bei wieviel Prozent der Simulationen Mehrfachgeburtstage auftraten.

Das Problem kann man behandeln, sobald einfache kombinatorische Formeln zur Verfügung stehen. Es bezeichne G_n das Ereignis, daß mindestens 2 der n Personen am gleichen Tag Geburtstag haben, und $\overline{G}_n$ das Komplementärereignis, daß alle n Personen an verschiedenen Tagen Geburtstag haben. Dann ist

$$P(G_n) = 1 - P(\overline{G}_n) = 1 - \frac{365 \cdot 364 \cdot \ldots (365 - n + 1)}{365^n}.$$

Etwas überraschend ist schon für n = 23 die Wahrscheinlichkeit $P(G_n)$ etwas größer als $\frac{1}{2}$; man darf also erwarten, daß das Programm bei der Wahl von n = 23 bei ungefähr 50 % aller Simulationen Mehrfachgeburtstage anzeigt.

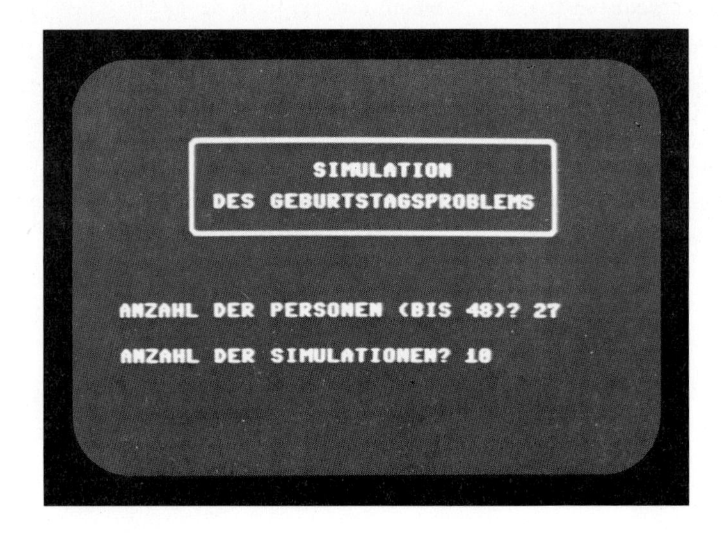

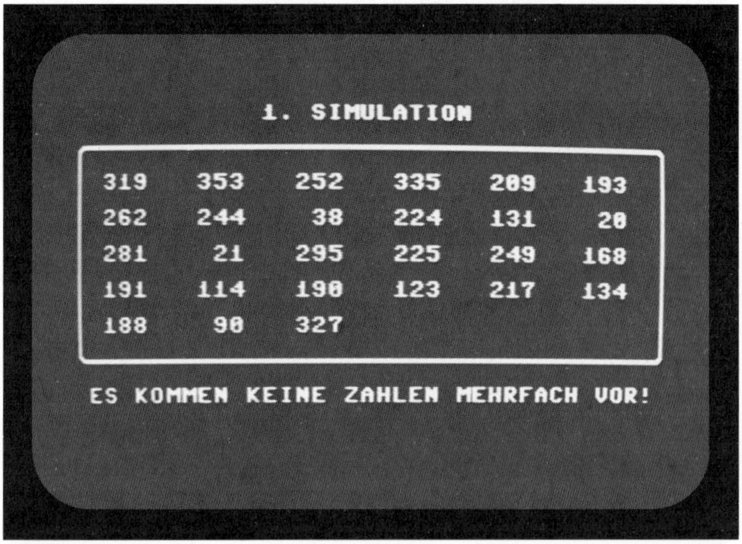

1. SIMULATION

319	353	252	335	209	193
262	244	38	224	131	20
281	21	295	225	249	168
191	114	190	123	217	134
188	90	327			

ES KOMMEN KEINE ZAHLEN MEHRFACH VOR!

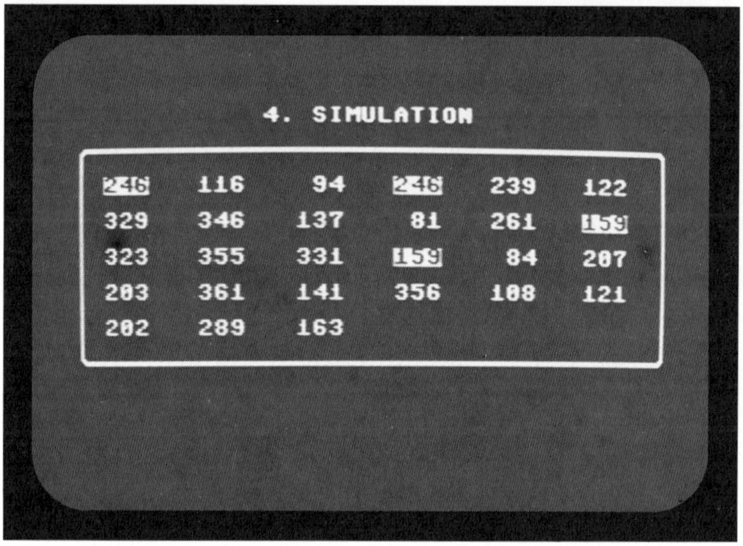

4. SIMULATION

246	116	94	246	239	122
329	346	137	81	261	159
323	355	331	159	84	207
203	361	141	356	108	121
202	289	163			

```
10 REM ********************************
20 REM GEBURTSTAGSPROBLEM (SIMULATION)
30 REM - ALBRECHT 1984 -
40 REM ********************************
50 POKE53280,14:POKE53281,7
60 PRINT"█████"TAB(7)"┌──────────────────────────┐"
70 PRINT TAB(7)"|"TAB(33)"|"
80 PRINT TAB(7)"|         SIMULATION       |": PRINT TAB(7)"|"TAB(33)"|"
90 PRINT TAB(7)"| DES GEBURTSTAGSPROBLEMS |": PRINT TAB(7)"|"TAB(33)"|"
100 PRINT TAB(7)"└──────────────────────────┘"
110 PRINT"███████";
120 INPUT"ANZAHL DER PERSONEN (BIS 48)";N
130 IF N>48 THEN RUN
140 INPUT"████ANZAHL DER SIMULATIONEN";Z
150 C=INT(N/6): IF C=N/6 THEN C=C-1
160 DIM P(N): DIM A(365)
170 M=0
180 FOR I=1 TO Z
190 S=0
200 FOR V=1 TO 365: A(V)=0: NEXTV
210 PRINT"███"TAB(12)I"█. SIMULATION█"
220 PRINT" ┌────────────────────────────────────┐"
230 FOR K=1 TO 2*C+3
240 PRINT TAB(1)"|"TAB(38)"|"
250 NEXT K
260 PRINT" └────────────────────────────────────┘"
270 PRINT"███████"
280 FOR K=1 TO N
290 ZU=INT(365*RND(1))+1
300 P(K)=ZU: A(ZU)=A(ZU)+1
310 IF A(ZU)=2 THEN S=S+1: DOP(S)=ZU
320 L=K-INT(K/6)*6: IF L=0 THEN L=6
330 PRINT TAB(L*6-LEN(STR$(ZU)))ZU;
340 IF L=6 AND K<>N THEN PRINT"█"
350 NEXT K
360 IF S=0 THEN PRINT:PRINT"█████ES KOMMEN KEINE ZAHLEN MEHRFACH VOR!"
370 IF S=0 THEN 470
380 FOR R=1 TO S
390 FOR K=1 TO N
400 IF P(K)=DOP(R) THEN A=INT(K/6): B=K-A*6 :ELSE: GOTO 440
410 IF A=K/6 THEN A=A-1
420 IF B=0 THEN B=6
430 INV 2*A+6,(B-1)*6+3,3,1
440 NEXT K
450 NEXT R
460 M=M+1
470 GET A$: IF A$="" THEN 470
480 NEXT I
490 PRINT"███████ES TRATEN BEI";M;"VON";Z;"SIMULATIONEN"
500 PRINT"███ZAHLEN MEHRFACH AUF, DAS ENTSPRICHT"
510 PRINT"██"TAB(16)INT(1000*M/Z+.5)/10"█% ."
520 END
```

Programmaufbau

Zeilen

50-140:	Bildschirmfarben; Überschrift; Eingaben
150:	Hilfsvariable C wird benötigt zum Zeichnen eines passenden Rahmens um Zufallszahlen (vgl. Zeilen 230-250)
160:	In P(1) bis P(N) werden die Zufallszahlen einer Simulation abgespeichert; A(1) bis A(365) sind Hilfsvariablen (vgl. Zeilen 300-310)
170;460:	M zählt Simulationen, bei denen Zahlen mehrfach auftreten
180;480:	For-Next-Schleife I
190:	S zählt in Zeile 310 die in einer Simulation mehrfach auftretenden Zahlen
200:	Hilfsvariablen werden Null gesetzt (vgl. Zeilen 300-310)
210-270:	Schrift; Rahmen
280;350:	For-Next-Schleife K
290:	Zufallszahl aus {1,...,365} wird gezogen
300-310:	Ein Beispiel soll die Anweisungen dieser beiden Zeilen verdeutlichen (K = 35 und ZU = 117): Abspeicherung von 117 in P(35); Erhöhung von A(117) um 1 (vgl. Zeile 200); falls A(117) = 2, ist 117 bei dieser Simulation zum 2-ten Mal aufgetreten, dann wird S um 1 erhöht (vgl. Zeile 190); in unserem Beispiel sei das der Fall und S = 3, d.h. 117 ist bei dieser Simulation schon die dritte Zahl, die mindestens 2 mal vorkommt, dann wird 117 in DOP(3) abgespeichert. Dieses Verfahren ermöglicht, schnell die mehrfach auftretenden Zahlen in inverser Schrift darzustellen (vgl. Zeilen 380-450).
320-340:	Zufallszahlen werden zeilenweise zu je 6 in einer Zeile auf dem Bildschirm notiert
360-370:	Falls nach Ziehung von n Zufallszahlen S = 0 ist, kommen keine Zahlen mehrfach vor, und es erfolgt Sprung nach 470
380-450:	Die mehrfach auftretenden Zahlen sind in DOP(1) bis DOP(S) festgehalten; DOP(R) wird nacheinander mit allen Zahlen P(1) bis P(N) verglichen; ist DOP(R) = DOP(K), werden aus K die Bildschirmkoordinaten A und B der Stelle berechnet, an der sich P(K) befindet; anschließend wird diese Zahl invers beschriftet.
470:	Nach Tastendruck beginnt nächste Simulation
490-510:	Zusammenfassendes Ergebnis.

Programm 4: PFADREGEL

Programmbeschreibung

Einen mehrstufigen Zufallsversuch kann man durch ein Baumdiagramm veranschaulichen. Das Programm zeichnet ein spezielles Baumdiagramm zu einem zweistufigen Zufallsexperiment mit vorgegebenen Zweigwahrscheinlichkeiten. Das Zufallsexperiment wird 250 mal durchgeführt. Jeder einzelne Versuchsablauf wird durch die Bewegung einer weißen Kugel auf dem zugehörigen Pfad beschrieben und kann auf dem Bildschirm verfolgt werden. Die Häufigkeiten der einzelnen Versuchsergebnisse werden gezählt. Zum Schluß werden in einer Tabelle unter den jeweiligen Pfadendpunkten in der Zeile H die relativen Häufigkeiten und in der Zeile W die theoretischen Wahrscheinlichkeiten für die Versuchsergebnisse, die den jeweiligen Pfaden entsprechen, notiert. Ein Tastendruck beendet das Programm.
Die Pfadregel besagt, daß sich die Wahrscheinlichkeit für das Ergebnis eines mehrstufigen Zufallsexperiments ergibt, indem man die Zweigwahrscheinlichkeiten entlang des entsprechenden Pfades multipliziert. Begründen kann man sie im Unterricht auf verschiedene Weise, etwa in einem Grundkurs mit Hilfe der relativen Häufigkeit. Bezogen auf unser Beispiel könnte man folgendermaßen argumentieren: Man denke sich das zweistufige Zufallsexperiment n mal durchgeführt. Zu erwarten ist, daß in der 1. Stufe in $0{,}2 \cdot n$ Fällen der "linke" Zweig durchlaufen wird und in der 2. Stufe in $0{,}5 \cdot (0{,}2 \cdot n) = 0{,}1 \cdot n$ Versuchen wiederum der "linke" Zweig, so daß in $\frac{1}{10}$ aller Fälle das Versuchsergebnis eintritt, das dem "linken" Pfad entspricht. Das Programm könnte man dann z.B. als Demonstration zu dieser Begründung benutzen.
Behandelt man die Pfadregel erst im Zusammenhang mit der bedingten Wahrscheinlichkeit, so kann das Programm experimentell die berechneten Wahrscheinlichkeiten, die in Zeile W angegeben sind, durch Vergleich mit den relativen Häufigkeiten bestätigen.

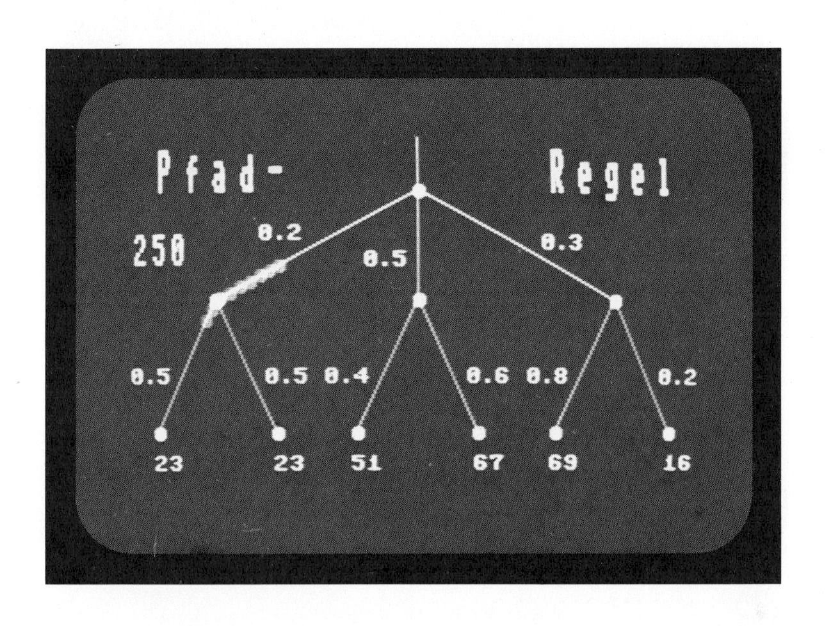
Pfad-
Regel
250
0.2
0.5
0.3
0.5
0.5
0.4
0.6
0.8
0.2
23
23
51
67
69
16

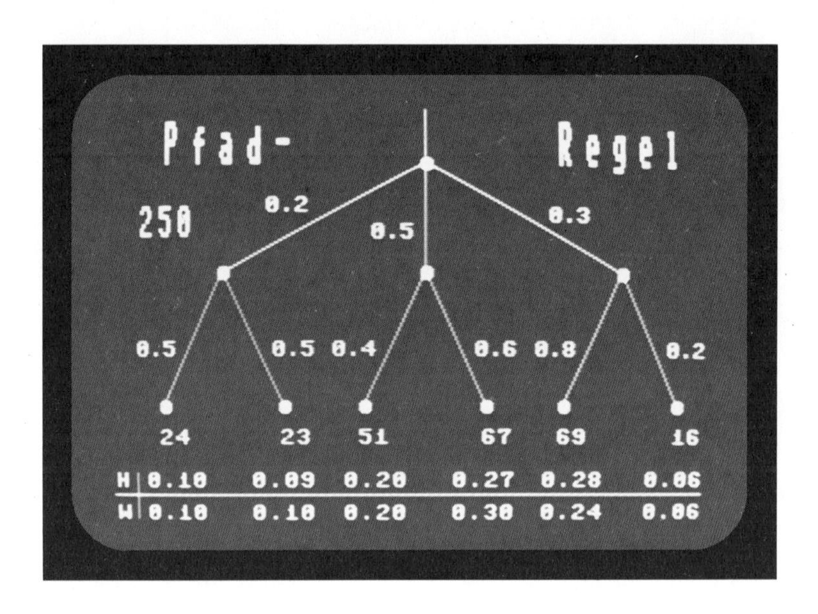
Pfad-
Regel
250
0.2
0.5
0.3
0.5
0.5
0.4
0.6
0.8
0.2
24
23
51
67
69
16
H 0.10 0.09 0.20 0.27 0.28 0.06
W 0.10 0.10 0.20 0.30 0.24 0.06

```
10 REM ************************
20 REM SIMULATION ZUR PFADREGEL
30 REM - ALBRECHT 1984 -
40 REM ************************
50 HIRES 0,7: T=RND(-TI)
60 TEXT 30,5,"P"+"█FAD-",1,3,14: TEXT 225,5,"R"+"█EGEL",1,3,14
70 TEXT 156,22,"●",1,1,6
80 FOR I=1 TO 3: TEXT 57+(I-1)*99,71,"●",1,1,7: NEXT I
90 FOR I=1 TO 3: TEXT 27+(I-1)*99,131,"●",1,1,6: NEXT I
100 FOR I=1 TO 3: TEXT 87+(I-1)*99,131,"●",1,1,6: NEXT I
110 LINE 159,0,159,22,1: FOR I=1 TO 3: LINE 159,25,60+(I-1)*99,74,1: NEXT I
120 FOR I=1 TO 3: FOR J=1 TO 2
130 LINE 60+(I-1)*99,74,30+(I-1)*99+(J-1)*60,134,1: NEXT J: NEXT I
140 TEXT 81,41,"0.2",1,1,7: TEXT 132,53,"0.5",1,1,7: TEXT 220,45,"0.3",1,1,7
150 TEXT 15,105,"0.5",1,1,7: TEXT 84,105,"0.5",1,1,7
160 TEXT 113,105,"0.4",1,1,7: TEXT 183,105,"0.6",1,1,7
170 TEXT 213,105,"0.8",1,1,7: TEXT 282,105,"0.2",1,1,7
180 FOR I=1 TO 3: FOR J=0 TO 1
190 TEXT 27+(I-1)*99+J*61,145,"0",1,1,8: NEXT J: NEXT I
200 DESIGN 0,32*64+49152
210 @.BBBBB..................
220 @BBBBBBB.................
230 @BBBBBBB.................
240 @BBBBBBB.................
250 @BBBBBBB.................
260 @.BBBBB..................
270 @........................
    :
410 @........................
420 MOB SET 1,32,1,0,0
430 FOR K=1 TO 250
440 MMOB 1,24+156,50+0,24+156,50+23,0,100
450 Z=RND(1): TEXT 7,45,STR$(K-1),0,2,10: TEXT 7,45,STR$(K),1,2,10
460 IF Z<=.2 THEN I=1: GOTO 480
470 IF Z<=.7 THEN I=2 :ELSE: I=3
480 RLOCMOB 1,81+(I-1)*99,122,0,30
490 Z=RND(1): ON I GOTO 500,510,520
500 J=INT(Z+.5): RLOCMOB 1,52+J*60,182,0,30: GOTO 530
510 J=INT(Z+.6): RLOCMOB 1,150+J*60,182,0,30: GOTO 530
520 J=INT(Z+.2): RLOCMOB 1,249+J*60,182,0,30
530 A(I,J)=A(I,J)+1: A$=STR$(A(I,J)-1)
540 TEXT 19+(I-1)*99+J*61,145,A$,0,1,8
550 TEXT 19+(I-1)*99+J*61,145,STR$(A(I,J)),1,1,8
560 NEXT K
570 MOB OFF 1
580 TEXT 3,165,"H",1,1,8
590 FOR I=1 TO 3: FOR J=0 TO 1
600 H=A(I,J)/250: H=INT(100*H+.5)/100: H$=STR$(H): H$=RIGHT$(H$,LEN(H$)-1)
610 IF LEN(H$)=1 THEN H$=H$+".00" :ELSE:H$="0"+H$:H$=H$+RIGHT$(".00",4-LEN(H$))
620 TEXT 20+(I-1)*99+J*54,165,H$,1,1,8
630 NEXT J: NEXT I
640 TEXT 3,180,"W",1,1,12
650 TEXT 20,180,"0.10",1,1,8: TEXT 74,180,"0.10",1,1,8
660 TEXT 119,180,"0.20",1,1,8: TEXT 173,180,"0.30",1,1,8
670 TEXT 218,180,"0.24",1,1,8: TEXT 272,180,"0.06",1,1,8
680 LINE 2,175,303,175,1: LINE 15,165,15,186,1
690 GET C$: IF C$="" THEN 690
700 END
```

Programmaufbau

Zeilen

50-190:	Graphikmodus; Überschrift; Aufbau des Baums; Beschriftung der Zweige mit vorgegebenen Zweigwahrscheinlichkeiten; Häufigkeiten an den Pfadendpunkten werden zu Beginn 0 gesetzt
200-420:	Weiße Kugel wird als MOB definiert
430;560:	For-Next-Schleife K
440:	Anfangsbewegung des MOB auf dem Baum bis zur 1. Verzweigung
450:	Ziehen einer Zufallszahl; Versuchsdurchgänge werden auf dem Bildschirm mitgezählt
460-480:	Unter Berücksichtigung der Wahrscheinlichkeiten wird in der 1. Stufe der linke, mittlere oder rechte Zweig gewählt
490-520:	Ziehen einer weiteren Zufallszahl; die Bewegung der weißen Kugel wird fortgesetzt, nun unter Berücksichtigung der Zweigwahrscheinlichkeit der 2. Stufe
530-550:	Die 6 Variablen A(1,0) bis A(3,1) zählen die Häufigkeiten unter den entsprechenden Pfadendpunkten; Löschen der alten Häufigkeit und Notierung der neuen
570:	Löschen des MOB
580-630:	H und die 6 relativen Häufigkeiten, gerundet auf 2 Nachkommastellen und mit Vorkommanull, werden in eine Zeile geschrieben
640-670:	Eintrag von W und den 6 Pfadwahrscheinlichkeiten
680:	Tabellenstriche
690-700:	Nach Tastendruck Programmende.

Programm 5: GITTERNETZWEGE

Programmbeschreibung

Die Aufgabenstellung kann man auf folgende Weise einkleiden: Ein Mann (weißes Herz) fährt auf einem gitterähnlichen Straßensystem von seinem Wohnort (0,0) zu seinem Arbeitsplatz (8,5). Er wählt seinen Weg zufällig, d.h. an allen Kreuzungspunkten des Netzes, die nicht auf der rechten bzw. oberen Begrenzungslinie liegen, wird der Weg jeweils mit Wahrscheinlichkeit $\frac{1}{2}$ nach rechts bzw. oben um eine Streckenlänge fortgesetzt. Es wird immer ein kürzester Weg gewählt, d.h. genau 8 Streckenlängen nach rechts und 5 nach oben. Am Punkt (5,3) (schwarzes Herz) wohnt eine Freundin, die am gleichen Ort arbeitet. Wie groß ist die Wahrscheinlichkeit, daß sie mitgenommen werden kann?

Da die Wege nicht alle mit gleicher Wahrscheinlichkeit befahren werden, kann man nicht nach dem Laplace-Ansatz verfahren:

Anzahl der möglichen Wege: $\frac{13!}{8! \cdot 5!} = 1\,287$

Anzahl der günstigen Wege über (5,3): $\frac{8!}{5! \cdot 3!} \cdot \frac{5!}{3! \cdot 2!} = 560$

Gesuchte Wahrscheinlichkeit: $\frac{560}{1\,287} \approx 0{,}435$

Dieser Lösungsvorschlag wäre falsch, da einzelnen Wegen unterschiedliche Wahrscheinlichkeiten zugeordnet werden müssen: z.B. dem Weg, der zuerst 5 mal hintereinander nach oben führt und dann 8 mal nach rechts, die Wahrscheinlichkeit $(\frac{1}{2})^5 = \frac{1}{32}$, dem Weg, der zuerst 8 mal nach rechts und dann 5 mal nach oben führt, die Wahrscheinlichkeit $(\frac{1}{2})^8 = \frac{1}{256}$.

Wollte man die exakte Wahrscheinlichkeit berechnen, müßte man etwas umständlich die Einzelwahrscheinlichkeiten der Teilwege, die von (0,0) mach (5,3) führen, summieren. Einen Näherungswert erhält man aber mit Hilfe des Programms. Es werden 100 Fahrten gemacht (gezählt auf dem Bildschirm links oben). Dabei bewegt sich ein weißes Herz von (0,0) nach (8,5) auf dem Gitternetz. Die über das schwarze Herz verlaufenden Fahrten werden am rechten Bildschirmrand gezählt. Ergibt sich dabei z.B. am Ende die Zahl 22, so könnte man 0,22 als Näherungswert für die gesuchte Wahrscheinlichkeit betrachten.

```
10 REM ************************
20 REM WEGE AUF EINEM GITTERNETZ
30 REM - ALBRECHT 1984 -
40 REM ************************
50 HIRES 0,7: T=RND(-TI)
60 TEXT 39,5,"G"+"▮ITTERNETZWEGE",1,3,18
70 FOR I=0 TO 8: LINE 40+I*30,40,40+I*30,190,1: NEXT I
80 FOR I=0 TO 5: LINE 40,40+I*30,280,40+I*30,1: NEXT I
90 TEXT 0,187,"(0,0)",1,1,8: TEXT 281,37,"(8,5)",1,1,8
100 TEXT 186,97,"♥",1,1,6
110 DESIGN 0,32*64+49152
120 @.BB.BB..................
130 @BBBBBBB.................
140 @BBBBBBB.................
150 @BBBBBBB.................
160 @.BBBBB..................
170 @..BBB...................
180 @...B....................
190 @........................
200 @........................
210 @........................
220 @........................
230 @........................
240 @........................
250 @........................
260 @........................
270 @........................
280 @........................
290 @........................
300 @........................
310 @........................
320 @........................
330 MOB SET 1,32,1,0,0
340 FOR I=1 TO 100: X=24+37: Y=50+187: R=0: O=0: MMOB 1,X,Y,X,Y,0,255
350 IA$=STR$(I-1): IA$=RIGHT$(IA$,LEN(IA$)-1)
360 IN$=STR$(I): IN$=RIGHT$(IN$,LEN(IN$)-1)
370 TEXT 5,48,IA$,0,2,10: TEXT 5,48,IN$,1,2,10
380 FOR J=1 TO 13
390 IF R=8 THEN Z=0: GOTO 420
400 IF O=5 THEN Z=1: GOTO 420
410 Z=INT(RND(1)+.5)
420 IF Z=1 THEN R=R+1 :ELSE: O=O+1
430 RLOCMOB 1,X+R*30,Y-O*30,0,75
440 IF NOT(R=5 AND O=3) THEN 460
450 PAUSE 1: W=W+1: TEXT 282,94,STR$(W-1),0,2,10: TEXT 282,94,STR$(W),1,2,10
460 NEXT J
470 NEXT I
480 MOB OFF 1
490 GET C$: IF C$="" THEN 490
500 END
```

Programmaufbau

Zeilen

50-100: Graphikmodus; Schrift; Gitternetz mit Koordinaten und schwarzem Herz

110-330: Definition eines weißen Herzens als MOB

340;470: For-Next-Schleife I; Bestimmung der Anfangskoordinaten X und Y für MOB, dabei Addition von 24 bzw. 50 zu eigentlichen Bildschirmkoordinaten erforderlich; Darstellung des MOB

350-370: Anzahl der Simulationen werden gezählt und links oben angezeigt

380-460: Eine kürzeste Fahrt (13 Teilstrecken) auf dem Gitternetz wird simuliert; ist das weiße Herz auf der rechten (Zeile 390) oder oberen Begrenzungslinie (Zeile 400), dann Sprung nach 420; gezogene Zufallszahl Z ist jeweils mit Wahrscheinlichkeit $\frac{1}{2}$ gleich 0 bzw. 1; bei Z = 1 erfolgt Bewegung nach rechts, bei Z = 0 nach oben; führt Weg über (5,3), wird eine Pause von 1 Sekunde gemacht und Zahl am rechten Bildschirmrand erhöht

480: Löschen des MOB

490-500: Nach Tastendruck Programmende.

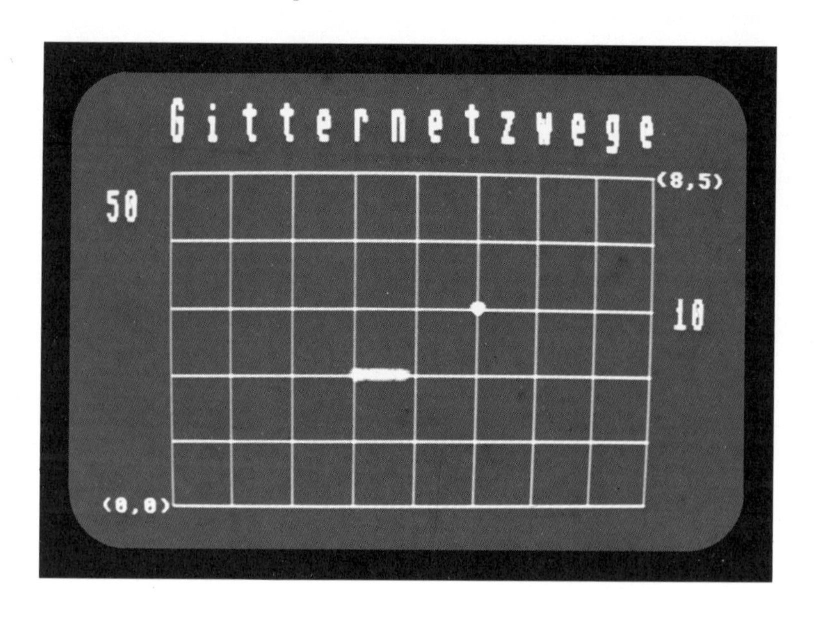

Programm 6 : ERWARTUNGSWERT

Programmbeschreibung

Es gibt eine Reihe konkreter Interpretationen für den Erwartungswert einer Zufallsgröße; hier wird er als Durchschnittsgewinn pro Spiel gedeutet, wobei das Spiel darin besteht, einen Laplace-Würfel (alle Augenzahlen besitzen gleiche Wahrscheinlichkeit) zu werfen.
Der Spieler muß die Auszahlungsmatrix ausfüllen, indem er unter jeder Augenzahl eine positive bzw. negative ganze Zahl eingibt (nur ganze Zahlen zwischen -99 und 99 eintragen, da sonst Überschreibungen auftreten können). Ein schwarzer Pfeil weist auf das auszufüllende Feld. Man tippt eine Zahl ein und drückt danach jeweils die Return-Taste. Anschließend kann der Spieler die Anzahl der Würfe festlegen (nach Eingabe wieder Return-Taste drücken).
Der Gewinnplan könnte etwa folgende Gestalt haben

1	2	3	4	5	6
-3	1	2	1	0	-1

.

Die Spielregel besagt, daß z.B. bei geworfener Augenzahl "1" der Spieler an die Bank 3 Geldeinheiten verliert, während er bei der Augenzahl "3" von der Bank 2 Geldeinheiten erhält.
Das Ergebnis jedes einzelnen Wurfs bleibt im "Quadrat" auf dem Bildschirm 5 Sekunden sichtbar (evtl. Änderung in Zeile 290). Gleichzeitig werden der zugehörige Gewinn (bzw. Verlust), die Anzahl der bisherigen Spiele und der bis dahin erzielte Gesamtgewinn angezeigt. Nach Beendigung der Serie wird der Durchschnittsgewinn je Spiel verglichen mit dem Erwartungswert.
Bei unserem Spiel handelt es sich um ein faires Spiel (Erwartungswert 0), d.h. bei einer großen Anzahl von Spielen werden sich Gewinne und Verluste ausgleichen.

Erwartungswert

Auszahlungs-
matrix

1	2	3	4	5	6
1	-2	3	-2	-1	2

Anzahl der
Spiele:20

Spiel: 4

6

Gewinn: 2

Gesamt-
gewinn: 7

Erwartungs-
wert:

Durchschnitts-
gewinn:

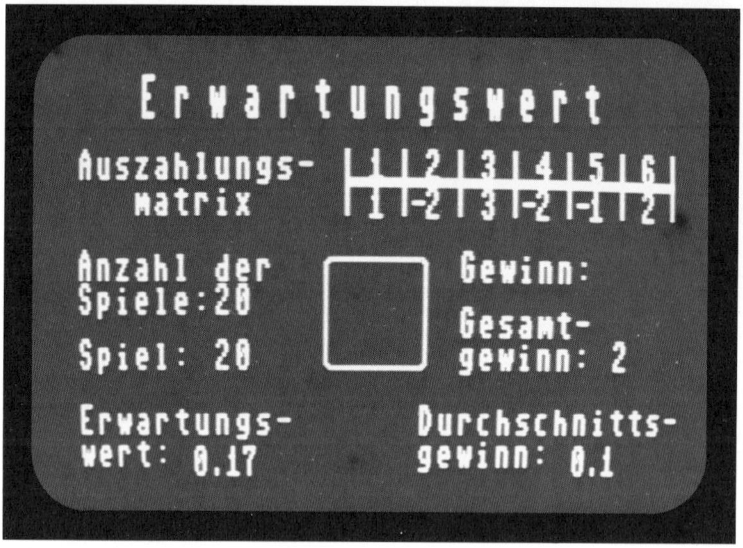

Erwartungswert

Auszahlungs-
matrix

1	2	3	4	5	6
1	-2	3	-2	-1	2

Anzahl der
Spiele:20

Spiel: 20

Gewinn:

Gesamt-
gewinn: 2

Erwartungs-
wert: 0.17

Durchschnitts-
gewinn: 0.1

```
10 REM *****************************
20 REM SIMULATION ZUM ERWARTUNGSWERT
30 REM - ALBRECHT 1984 -
40 REM *****************************
50 HIRES 0,7: T=RND(-TI)
60 TEXT 43,5,"E"+"█RWARTUNGSWERT",1,3,17
70 TEXT 10,40,"A"+"█USZAHLUNGS-",1,2,10
80 TEXT 40,56,"█MATRIX",1,2,10
90 TEXT 140,40,"| 1 | 2 | 3 | 4 | 5 | 6 |",1,2,7
100 TEXT 140,47,"├───┼───┼───┼───┼───┼───┤",1,2,7
110 TEXT 140,54,"|   |   |   |   |   |   |",1,2,7
120 TEXT 130,85,"╭──────╮",1,1,7
130 FOR I=1 TO 6: TEXT 130,85+I*7,"|      |",1,1,7: NEXT I
140 TEXT 130,134,"╰──────╯",1,1,7
150 TEXT 10,85,"A"+"█NZAHL DER",1,2,10: TEXT 10,100,"S"+"█PIELE:",1,2,10
160 TEXT 10,125,"S"+"█PIEL:",1,2,10
170 TEXT 200,85,"G"+"█EWINN:",1,2,10
180 TEXT 200,110,"G"+"█ESAMT-",1,2,10: TEXT 200,125,"█GEWINN:",1,2,10
190 TEXT 10,155,"E"+"█RWARTUNGS-",1,2,10: TEXT 10,170,"█WERT:",1,2,10
200 TEXT 180,155,"D"+"█URCHSCHNITTS-",1,2,10: TEXT 180,170,"█GEWINN:",1,2,10
210 FOR I=1 TO 6: TEXT 154+(I-1)*28,70,"↑",1,1,7: INPUT G(I): G$=STR$(G(I))
220 TEXT147+(I-1)*28,57,G$,1,2,7: TEXT154+(I-1)*28,70,"↑",0,1,7: E=E+G(I):NEXTI
230 TEXT 90,118,"↑",1,1,7: INPUT A: TEXT 70,100,STR$(A),1,2,10
240 TEXT 90,118,"↑",0,1,7
250 FOR I=1 TO A
260 TEXT70,125,STR$(I-1),0,2,10: TEXT 70,125,STR$(I),1,2,10: W=INT(6*RND(1))+1
270 TEXT145,102,STR$(W),1,3,10: TEXT270,85,STR$(G(W)),1,2,10
280 TEXT 270,125,STR$(Z),0,2,10: GG=GG+G(W): Z=GG: TEXT270,125,STR$(GG),1,2,10
290 PAUSE 5
300 TEXT145,102,STR$(W),0,3,10: TEXT270,85,STR$(G(W)),0,2,10
310 NEXT I
320 E=E/6: E=INT(100*E+.5)/100: E$=STR$(E): E$=RIGHT$(E$,LEN(E$)-1)
330 IF E>0 AND E<1 THEN E$="0"+E$
340 IF E>-1 AND E<0 THEN E$="-0"+E$
350 IF E<=-1 THEN E$="-"+E$
360 TEXT69,174,E$,1,2,8
370 GG=GG/A: GG=INT(100*GG+.5)/100: GG$=STR$(GG): GG$=RIGHT$(GG$,LEN(GG$)-1)
380 IF GG>0 AND GG<1 THEN GG$="0"+GG$
390 IF GG>-1 AND GG<0 THEN GG$="-0"+GG$
400 IF GG<=-1 THEN GG$="-"+GG$
410 TEXT260,174,GG$,1,2,8
420 GET X$: IF X$="" THEN 420
430 END
```

Programmaufbau

Zeilen

50- 80:	Graphikmodus; Schrift
90-110:	Tabelle für Gewinnplan
120-140:	"Quadrat"
150-200:	Schrift
210-240:	Eingabe der Tabellenwerte G(1) bis G(6); Wandern des schwarzen Pfeils; Eingabe der Spielanzahl A
250;310:	For-Next-Schleife I
260:	Spiele werden gezählt; Zufallszahl W aus $\{1,...,6\}$ gezogen
270-280:	Anzeige von Augenzahl (im Quadrat), zugehörigem Gewinn und bisherigem Gesamtgewinn
290:	5 Sekunden Zeit zur Betrachtung des Bildschirms
300:	Augenzahl und Gewinn werden gelöscht
320-410:	Anzeige von Erwartungswert und Durchschnittsgewinn auf 2 Nachkommastellen gerundet und evtl. mit Vorkommanull
420-430:	Nach Tastendruck Programmende.

Programm 7: BINOMIAL-VERTEILUNG

Über ein Menu können zur Binomialverteilung durch Wahl der entsprechenden Nummern 1 bis 4 mit anschließendem "RETURN" die vier Programme Histogramm, Tabelle, Verteilungsfunktion und Berechnung aufgerufen werden.

Programmbeschreibung (Histogramm)

In welcher Weise sich das Histogramm einer Binomialverteilung B(n,p) bei Variation der Parameter n und p verändert, kann mit Hilfe des Programms systematisch untersucht werden.
Zuerst ist auf dem Bildschirm der Formelausdruck für die Binomialverteilung zu sehen. Es müssen die Parameter n und p gewählt werden, wobei $n \leq 10$ sein soll (bei $n > 10$ startet das Programm neu). Danach erfolgt ein Wechsel in den Graphikmodus, und auf dem Bildschirm erscheint das entsprechende Histogramm; im Schriftzug B(n,p ; k) sind auch die aktuellen Parameter n und p ablesbar. Ein Tastendruck führt wieder ins Menu zurück. In kürzester Zeit kann man sich eine ganze Serie von Histogrammen zeichnen lassen. Es ist z.B. naheliegend, die Abhängigkeit der Binomialverteilung von n bei festem p bzw. von p bei festem n zu betrachten. Oder man gelangt durch ausgewählte Beispiele zur Vermutung
$B(n,p;k) = B(n,1-p;n-k)$.
Die Begrenzung für n stellt für das hier angestrebte Ziel keine Einschränkung dar, da schon für $n \leq 10$ der Einfluß von n und p auf die Gestalt der Histogramme deutlich wird. Bei größerem n würden die Histogramme flacher verlaufen und damit aus einiger Entfernung schlechter erkennbar sein. Durch eine jeweilige Maßstabsanpassung könnte man dem begegnen, was aber im Hinblick auf eine optische Vergleichbarkeit der Histogramme nicht sinnvoll wäre.
Nach Fertigstellung der Graphik kann das Programm durch Drücken der "RUN/STOP"-Taste beendet werden.

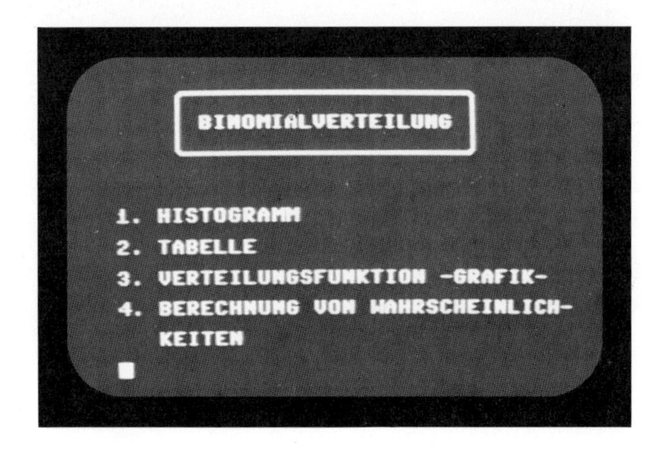

B(N,P;K) = (N K) . P^K . (1-P)^N-K
N GANZZAHLIG AUS DEM INTERVALL
[1;10] WAEHLEN!
ANZAHL DER VERSUCHE N? 10
WAHRSCHEINLICHKEIT P? .65

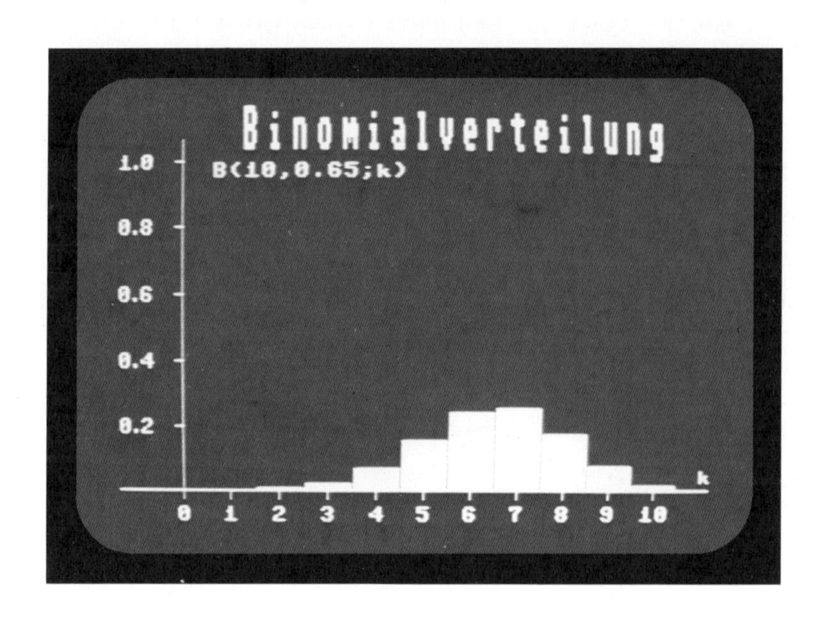
Binomialverteilung
B(10,0.65;k)
1.0
0.8
0.6
0.4
0.2
k
0 1 2 3 4 5 6 7 8 9 10

```
10 REM ******************
20 REM BINOMIALVERTEILUNG
30 REM - ALBRECHT 1984 -
40 REM ******************
50 POKE 53280,14: POKE53281,6: PRINT"■"
60 PRINT"■■■"TAB(9)"┌──────────────────┐"
70 PRINT TAB(9)"|"TAB(30)"|"
80 PRINT TAB(9)"| BINOMIALVERTEILUNG |"
90 PRINT TAB(9)"|"TAB(30)"|"
100 PRINTTAB(9)"└──────────────────┘"
110 PRINT"■■■■■■■■1. HISTOGRAMM"
120 PRINT"■■■■■■2. TABELLE"
130 PRINT"■■■■■■3. VERTEILUNGSFUNKTION -GRAFIK-"
140 PRINT"■■■■■■4. BERECHNUNG VON WAHRSCHEINLICH-": PRINT"■"TAB(8)"KEITEN"
150 PRINT"■■■■■■";: FETCH"1234",1,W$: W=VAL(W$)
160 PRINT"■■■"TAB(16)"┌ ┐": PRINT TAB(16)"|N|     K        N-K"
170 PRINT TAB(5)"B(N,P;K) = |  | . P . (1-P)"
180 PRINT TAB(16)"|K|": PRINT TAB(16)"└ ┘"
190 IF W=1 OR W=3 THEN PRINT"■■■■■■■■■N GANZZAHLIG AUS DEM INTERVALL"
200 IF W=1 OR W=3 THEN PRINT"■■■■■■■[1;10] WAEHLEN!"
210 INPUT"■■■■■■■■ANZAHL DER VERSUCHE N";N: IF N<>INT(N) OR N<1 THEN RUN
220 IF (W=1 OR W=3) AND N>10 THEN RUN
230 INPUT"■■■■■■■WAHRSCHEINLICHKEIT P";P: IF P<0 OR P>1 THEN RUN
240 Q=1-P: IF Q↑N=0 AND P↑N=0 THEN B=2
250 IF B=2 THEN PRINT"■■■■■■■■■DAS PROGRAMM KANN KEINE"
260 IF B=2 THEN PRINT"■■■■■■■KORREKTEN ERGEBNISSE LIEFERN!": PAUSE 5: RUN
270 N$=STR$(N): N$=RIGHT$(N$,LEN(N$)-1)
280 P$=STR$(P+1)
290 IF P=1 THEN P$="1" :ELSE: P$=RIGHT$(P$,LEN(P$)-2): P$="0"+P$
300 ON W GOSUB 320,540,780,1040
310 GOTO 60
320 REM **** HISTOGRAMM ****
330 HIRES 0,7
340 LINE 5,180,310,180,1: LINE 40,184,40,20,1
350 FOR I=1 TO 10: LINE 40+I*24,180,40+I*24,184,1: NEXT I
360 FOR I=1 TO 5: LINE 36,180-I*30,40,180-I*30,1: NEXT I
370 FOR I=0 TO 9: TEXT 28+I*24,188,STR$(I),1,1,8: NEXT I
380 TEXT 273,188,"10",1,1,8: TEXT 304,170,"■K",1,1,8
390 FOR I=1 TO 4: Z$=STR$(2*I): Z$=RIGHT$(Z$,1): Z$="0."+Z$
400 TEXT 5,177-I*30,Z$,1,1,6: NEXT I
410 TEXT 5,27,"1.0",1,1,6
420 TEXT 55,31,"B("+N$+","+P$+"■;K)",1,1,8
430 TEXT 70,4,"B"+"■INOMIALVERTEILUNG",1,3,12
440 E=1: K=N: IF Q↑N=0 THEN E=-1: K=0: ZW=Q: Q=P: P=ZW
450 B=Q↑N
460 BLOCK29+(N-K)*24,180-INT(150*B+.5),51+(N-K)*24,180,1
470 FOR I=1 TO 10
480 B=B*P*(N-I+1)/(Q*I)
490 BLOCK 29+(E*I+N-K)*24,180-INT(150*B+.5),51+(E*I+N-K)*24,180,1
500 NEXT I
510 GET C$: IF C$="" THEN 510
520 CSET0
530 RETURN
```

Programmaufbau

Zeilen

50: Bildschirmfarben im Textmodus

60-100: Eingerahmte Überschrift

110-150: Menü

160-180: Formelausdruck für Binomialverteilung

190-230: Eingaben; evtl. Neustart

240-260: Wenn Anfangswert für Rekursionformel gleich Null (Rechnergenauigkeit), erfolgt entsprechender Hinweis; 5 Sekunden Pause; Neustart

270-290: Darstellung von N und P als Strings; durch Stringoperationen Vermeidung von Exponentialschreibweise für P; P mit Vorkommanull

300: Sprung ins gewählte Unterprogramm

310: Zurück ins Menü

320-530: Unterprogramm Histogramm

330-410: Graphikmodus; Koordinatenachsen mit Beschriftung

420: B(n,p ; k) mit aktuellen Parametern

430: Titelzeile auf Graphikbildschirm

440-500: Zur Berechnung der einzelnen Wahrscheinlichkeiten wird die Rekursionsformel $B(n,p\,;\,i) = \frac{n-i+1}{i} \cdot \frac{p}{q} \cdot B(n,p\,;\,i-1)$ verwendet (Zeile 480); Anfangswert für Rekursion in Zeile 450; Vertauschung von p und q (Zeile 440), falls im Rahmen der Rechnergenauigkeit $q^n = 0$, wobei dann Berechnung der B(n,p ; i) durch Rekursionsformel nicht bei B(n,p ; 0), sondern bei B(n,p ; n) beginnt; in Zeile 460 Zeichnen des ersten Histogrammblocks, in Zeile 490 folgen die weiteren, dabei Anfang in Abhängigkeit von q^n bei i = 0 bzw. bei i = 10; 1 Längeneinheit auf senkrechter Achse entspricht 150 Bildschirmpunkten

510-520: Nach Tastendruck zurück in Textmodus

530: Unterprogrammende.

Programmbeschreibung (Tabelle)

Für eine genauere Analyse der Wahrscheinlichkeitsverteilung einer binomialverteilten Zufallsvariablen (auch bei größerem n) ist es zweckmäßig, wenn die Verteilung tabelliert vorliegt.
Nach Wahl der Parameter n und p wird die Tabelle abschnittsweise ausgegeben, der nächste Abschnitt jeweils nach einem Tastendruck. Wenn die Tabelle vollständig ist, gelangt man durch einen weiteren Tastendruck ins Menü zurück. "RUN/STOP" beendet das Programm.
Die Wahrscheinlichkeiten sind auf 4 Nachkommastellen gerundet. Sind z.B. 6 Nachkommastellen erwünscht, müssen nur in zwei Zeilen Änderungen vorgenommen werden: Ersetzen von 10 000 durch 1 000 000 (2mal) in Zeile 640 und von 7 durch 9 (2mal) sowie ".0 000" durch ".000 000" in Zeile 660.
Die Eintragungen der Tabelle beginnen bei k = 0 bzw. k = n in Abhängigkeit von $q^n = (1-p)^n$. Die Wahrscheinlichkeiten B(n,p ; k) werden mit Hilfe einer Rekursionsformel berechnet, die aber keine korrekten Werte liefert, wenn bei großem n sowohl p^n als auch $(1-p)^n$ im Rahmen der Rechnergenauigkeit 0 sind. Dann ist der Startwert der Rekursionsformel 0 (auch bei Vertauschung von p und q), und damit sind alle weiteren Werte ebenfalls 0. Es wird darauf hingewiesen, wenn dieser Sachverhalt eintritt; die Tabelle wird dann nicht ausgefüllt. Bis n = 127 arbeitet das Programm aber für alle p einwandfrei.

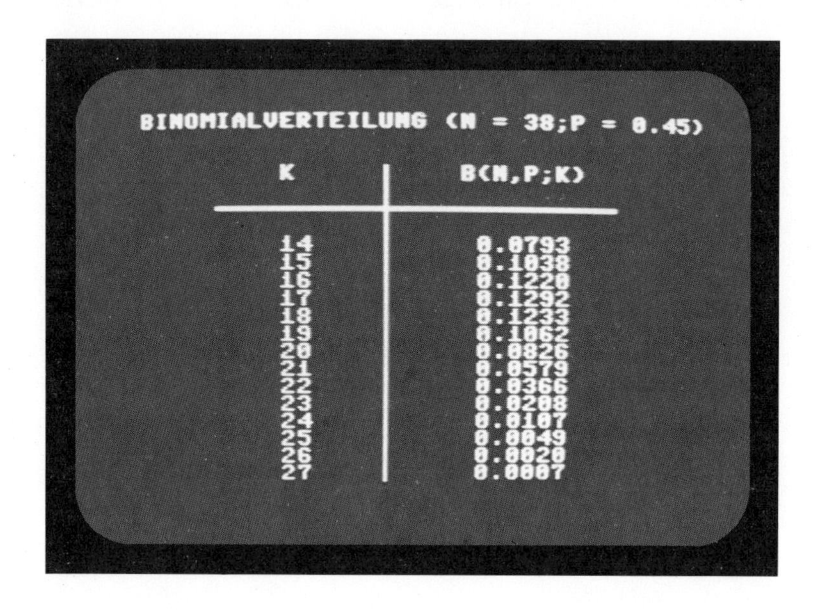

```
540 REM **** TABELLE ****
550 PRINT"▮▮"
560 PRINT TAB(2)"BINOMIALVERTEILUNG (N ="N"▮;P = "P$")"
570 PRINT"▮▮"TAB(11)"K"TAB(17)"|"TAB(22)"B(N,P;K)"
580 PRINT TAB(17)"|"
590 PRINT TAB(7)"──────────┼───────────────"
600 PRINT TAB(17)"|"
610 QN=1: IF Q↑N=0 THEN QN=0: ZW=Q: Q=P: P=ZW
620 B=Q↑N
630 FOR I=0 TO N
640 BA=INT(B*10000+.5)/10000+1
650 BA$=STR$(BA): IF BA=2 THEN BA$=INST("1",BA$,1) :ELSE: BA$=INST("0",BA$,1)
660 IF LEN(BA$)<7 THEN BA$=BA$+RIGHT$(".0000",7-LEN(BA$))
670 IF QN=1 THEN PRINT TAB(10)I; :ELSE: PRINT TAB(10)N-I;
680 PRINT TAB(17)"|"TAB(22)BA$
690 B=B*P*(N-I)/(Q*(I+1))
700 IF (I+1)/14<>INT((I+1)/14) THEN 750
710 GET C$: IF C$="" THEN 710
720 PRINT"▮▮▮▮▮▮▮▮▮▮"
730 FOR Y=1 TO 15: PRINT"                                        ": NEXT Y
740 PRINT"▮▮▮▮▮▮▮▮▮▮"
750 NEXT I
760 GET C$: IF C$="" THEN 760
770 RETURN
```

Programmaufbau

Zeilen

540-770:	Unterprogramm Tabelle
550:	Löschen des Bildschirms; Zeilenvorschub
560:	Überschrift; aktuelle Parameter
570-600:	Tabellenkopf
610:	QN Hilfsvariable (vgl. Zeile 670); falls $q^n = 0$, Vertauschung von p und q
620:	Anfangswert für Rekursionsformel
630;750:	For-Next-Schleife I
640-660:	Abspeichern der Wahrscheinlichkeiten als Strings in BA$; auf 4 Nachkommastellen gerundet; mit Vorkommanull; keine Exponentialschreibweise; evtl. Anhängen von Nullen
670:	Linke Tabellenspalte; Beginn mit i = 0 bzw. i = n
680:	Rechte Tabellenspalte
690:	Rekursionsformel
700:	14 Eintragungen je Tabellenabschnitt
710-740:	Löschen des alten Abschnitts nach Tastendruck
760-770:	Nach Tastendruck Unterprogrammende.

Programmbeschreibung (Verteilungsfunktion)

Das Thema Verteilungsfunktion wird hier am Beispiel einer binomialverteilten Zufallsgröße illustriert. Der Verlauf der Verteilungsfunktion kann an Hand der Graphik diskutiert werden, wobei auch analoge Fragestellungen zu denen des Programms Histogramm (Variation von n und p, usw.) aufgegriffen werden sollten; bzgl. n bestehen die gleichen Einschränkungen wie dort. Instruktiv ist darüber hinaus das Gegenüberstellen von Histogramm und zugehöriger Verteilungsfunktion.

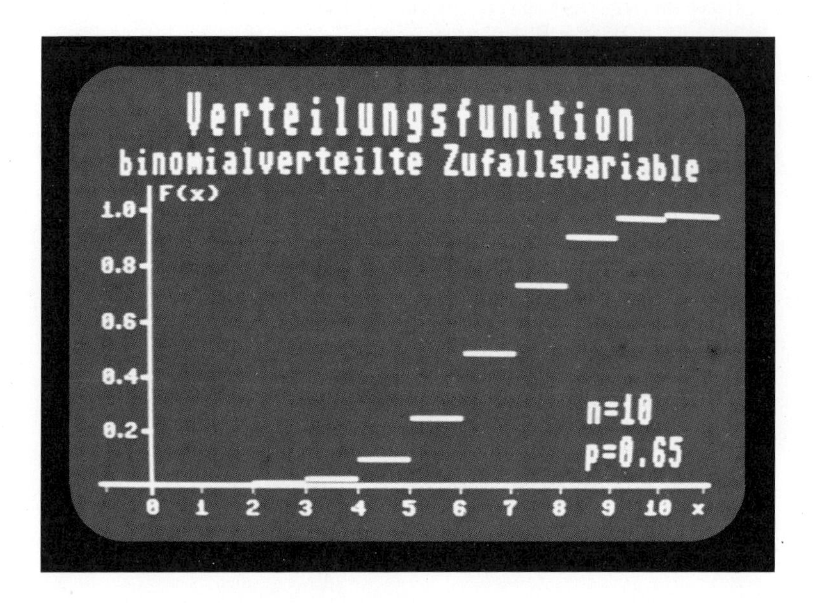

```
780 REM **** VERTEILUNGSFUNKTION ****
790 HIRES 6,7
800 BLOCK 0,182,319,183,1: BLOCK 29,47,30,187,1
810 FOR I=1 TO 5: BLOCK 25,182-I*25,30,183-I*25,1: NEXT I
820 FOR I=0 TO 12: LINE 4+I*26,182,4+I*26,186,1: NEXT I
830 TEXT 310,190,"▓X",1,1,8
840 FOR I=1 TO 4: Z$=STR$(2*I): Z$=RIGHT$(Z$,1): Z$="0."+Z$
850 TEXT 3,179-I*25,Z$,1,1,6: NEXT I
860 TEXT 3,54,"1.0",1,1,6
870 FOR I=0 TO 9: TEXT 18+I*26,190,STR$(I),1,1,8: NEXT I
880 TEXT 283,190,"10",1,1,8
890 TEXT35,47,"F"+"▓(X)",1,1,8
900 TEXT 49,3,"V"+"▓ERTEILUNGSFUNKTION",1,3,12
910 TEXT13,28,"▓BINOMIALVERTEILTE "+"Z"+"▓UFALLSVARIABLE",1,2,9
920 B=Q↑N: PS=B: IF Q↑N=0 THEN BLOCK 30+N*26,57,319,58,1: GOTO 990
930 BLOCK30,182-INT(125*B+.5),55,183-INT(125*B+.5),1
940 FOR I=1 TO 11
950 B=B*P*(N-I+1)/(Q*I): PS=PS+B
960 PH=INT(125*PS+.5)
970 BLOCK 30+I*26,182-PH,55+I*26,183-PH,1
980 NEXT I
990 TEXT 250,140,"▓N="+N$,1,2,9
1000 TEXT 250,160,"▓P="+P$,1,2,9
1010 GET C$: IF C$="" THEN 1010
1020 CSET0
1030 RETURN
```

Programmaufbau

Zeilen

780-1030:	Unterprogramm Verteilungsfunktion
790- 890:	Graphikmodus; Koordinatenachsen mit Beschriftung; im Vergleich zum Unterprogramm Histogramm sind Koordinatenachsen "dicker" gezeichnet (vgl. Zeile 800)
900- 910:	Überschrift Graphikseite
920:	q^n Anfangswert für Rekursionsformel (vgl. Zeile 950); Aufsummierung der Wahrscheinlichkeiten in PS; bei großem p ($q^n = 0$) Verlauf des Funktionsgraphen bis 10 auf der x-Achse und dann Sprung nach 1, deshalb in diesem Fall nur Zeichnung einer "dicken" Linie von 10 bis zum rechten Bildschirmrand in Höhe von 1; Sprung nach 990
930- 980:	Schrittweise Darstellung und Berechnung der Funktion; 1 LE auf senkrechter Achse entspricht 125 Bildschirmpunkten
990-1000:	Anzeige von n und p
1010-1030:	Nach Tastendruck Wechsel in Textmodus; Unterprogrammende.

Programmbeschreibung (Berechnung)

Im Anhang der meisten Schulbücher ist die Binomialverteilung für ausgewählte Werte von n und p tabelliert, wobei n in der Regel nicht größer als 100 ist. Der Schüler wird damit in die Lage versetzt, auf diese Tabellen sorgfältig abgestimmte Aufgaben zu Anwendungen der Binomialverteilung numerisch zu lösen, was mitunter etwas mühsam ist, falls eine größere Anzahl von Einzelwahrscheinlichkeiten aufsummiert werden muß. Das Programm ist eine Rechenhilfe und macht diese Tabellen entbehrlich, gleichzeitig ist man nicht mehr an vorgegebene Parameter n und p gebunden.
Sei X eine binomialverteilte Zufallsvariable. Durch Eintippen der Zahlen 1, 2 und 3 mit anschließendem "RETURN" kann man sich für die Berechnung einer der Wahrscheinlichkeiten $P(X \geq k)$, $P(X \leq l)$ bzw. $P(k \leq X \leq l)$ entscheiden. Danach müssen n,p und k oder l oder k und l festgelegt werden (bei sinnlosen Eingaben erfolgt ein neuer Programmstart). Nach einer kurzen Zeitspanne erscheint dann die gesuchte Wahrscheinlichkeit. Ein Tastendruck läßt das Programm ins Menü zurückspringen, "RUN/STOP" beendet es.
Aus den gleichen Gründen, wie sie in der Beschreibung zum Programm Tabelle erläutert werden, liefert das Programm unter Umständen bei zu großem n (bezogen auf p) keine richtigen Ergebnisse mehr. In diesem Fall wird kein falsches Resultat angezeigt, sondern ein entsprechender Hinweis gegeben. Selbst mit dem Computer nicht durchführbare Berechnungen - bei dem hier verwendeten Algorithmus - können als Motivation dienen, sich mit der Näherungsformel für die Binomialverteilung von Moivre - Laplace zu befassen. Sie erlaubt es, solche jetzt noch nicht lösbaren Aufgaben mit Hilfe des Programms NORMAL BERECHNUNG in den Griff zu bekommen. Wir werden später bei der Besprechung dieses Programms darauf eingehen.

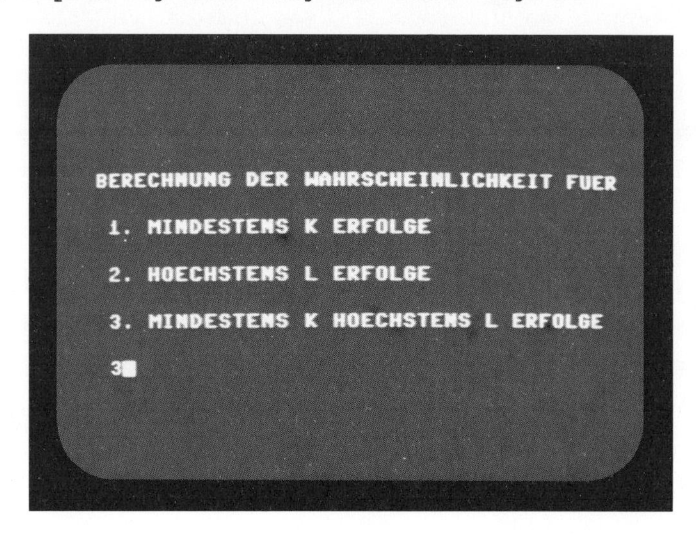

```
1040 REM **** BERECHNUNG ****
1050 PRINT"BERECHNUNG DER WAHRSCHEINLICHKEIT FUER"
1060 PRINT"1. MINDESTENS K ERFOLGE"
1070 PRINT"2. HOECHSTENS L ERFOLGE"
1080 PRINT"3. MINDESTENS K HOECHSTENS L ERFOLGE"
1090 PRINT"";: FETCH"123",1,W$: W=VAL(W$)
1100 K=0: L=N
1110 PRINT""
1120 IF W=1 OR W=3 THEN INPUT"WIEVIEL  ERFOLGE MINDESTENS";K
1130 IF K<>INT(K) OR K<0 OR K>N THEN RUN
1140 IF W=2 OR W=3 THEN INPUT"WIEVIEL  ERFOLGE HOECHSTENS";L
1150 IF L<>INT(L) OR L<K OR L>N THEN RUN
1160 IF P>.5 THEN ZW=P: P=Q: Q=ZW: ZW=K: K=N-L: L=N-ZW
1170 B=Q↑N
1180 IF K=0 THEN SU=B :ELSE: SU=0
1190 IF K=0 AND L=0 THEN 1240
1200 FOR I=1 TO L
1210 B=B*P*(N-I+1)/(Q*I)
1220 IF I>=K THEN SU=SU+B
1230 NEXT I
1240 PRINT"DIE WAHRSCHEINLICHKEIT BETRAEGT:"
1250 SU=INT(SU*10000+.5)/10000+1: SU$=STR$(SU)
1260 IF SU=2 THEN SU$=" 1.0000" :ELSE: SU$=STR$(SU): SU$=INST("0",SU$,1)
1270 IF LEN(SU$)<7 THEN SU$=SU$+RIGHT$(".0000",7-LEN(SU$))
1280 PRINT""TAB(17)SU$
1290 GET C$: IF C$="" THEN 1290
1300 RETURN
```

Programmaufbau

Zeilen	
1040-1300:	Unterprogramm Berechnung
1050-1090:	Auswahlmöglichkeiten
1100:	Vorläufige Festlegung der unteren Grenze K und oberen Grenze L
1110-1150:	Löschen des Bildschirms mit Zeilenvorschub; Eingaben; evtl. neuer Programmstart
1160:	Evtl. Vertauschung von p und q, damit Startwert für Rekursionsformel (Zeile 1210) möglichst ungleich 0; bei Vertauschung aber auch Veränderung der unteren und oberen Grenze entsprechend der Beziehung $B(n,p\,;k) = B(n, 1-p\,;n-k)$ erforderlich
1170:	Startwert für Rekursionsformel
1180:	Aufsummierung der gesuchten Wahrscheinlichkeit in Variable SU; wenn $k = 0$, schon Berücksichtigung von B
1190:	Wenn $k = 0$ und $l = 0$, dann ist B schon gesuchte Wahrscheinlichkeit
1200-1230:	Berechnung der Einzelwahrscheinlichkeiten mit Hilfe der schon bekannten Rekursionsformel; Aufsummierung erfolgt nur, falls i innerhalb der Grenzen liegt
1240-1280:	Anzeige der Wahrscheinlichkeit; Vorkommanull; keine Exponentialschreibweise
1290-1300:	Tastendruck beendet Unterprogramm.

Programm 8: GALTON-BRETT

Programmbeschreibung

Das Galton-Brett ermöglicht eine anschauliche experimentelle Realisation der Binomialverteilung $B(n, \frac{1}{2})$. In unserem Beispiel ist n = 7, d.h. es gibt 7 Reihen symmetrisch angeordneter Hindernisse mit i Hindernissen in der i-ten Reihe. Eine Kugel bewegt sich von oben nach unten durch dieses Feld. In jeder Reihe wird sie nach links bzw. nach rechts mit der gleichen Wahrscheinlichkeit abgelenkt, um zum Schluß in einen von 8 Behältern zu fallen. Das Durchlaufen dieser 7 Reihen kann als eine Bernoulli-Kette der Länge 7 interpretiert werden. Jeder einzelne der 7 Bernoulli-Versuche dieser Kette besteht in einer Ablenkung nach links (Niete; "0") bzw. nach rechts (Treffer; "1") jeweils mit Wahrscheinlichkeit $\frac{1}{2}$. Zweigt die Kugel insgesamt i mal nach rechts ab, gelangt sie in den Kasten i (von links gezählt, beginnend mit Kasten 0). Die Wahrscheinlichkeit für eine Einmündung in Kasten i beträgt $\binom{7}{i} \cdot \left(\frac{1}{2}\right)^{i} \cdot \left(\frac{1}{2}\right)^{7-i} = \binom{7}{i} \cdot \frac{1}{128}$.

Wir lassen nun genau 128 Kugeln durch das Brett fallen. Dabei wird notiert, wie viele in den einzelnen Behältern landen. Die theoretischen Belegungszahlen lauten $\binom{7}{0}$ bis $\binom{7}{7}$, also 1, 7, 21, 35, 35, 21, 7, 1, die man mit den wirklich eingetretenen Zahlen vergleichen kann.

Hat eine Kugel einen Kasten erreicht, wird sie in einen "Strich" verwandelt, um den ein rechteckiger Block nach oben wächst. Am Ende ist auf diese Weise ein Gebilde entstanden, das man als ein "experimentelles" Histogramm der Binomialverteilung $B(7, \frac{1}{2})$ bezeichnen könnte. Die Höhen der Blocks entsprechen den einzelnen "experimentellen" Wahrscheinlichkeiten. Bei diesem Maßstab kommt einem Block aus 128 Strichen die Wahrscheinlichkeit 1 zu. Ein Tastendruck beendet das Programm.

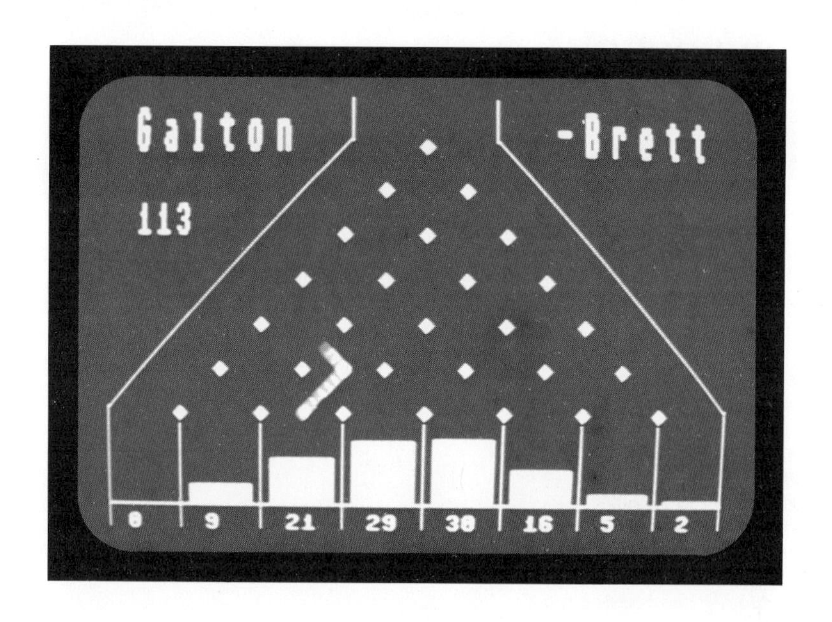
Galton
-Brett
113
0
9
21
29
30
16
5
2

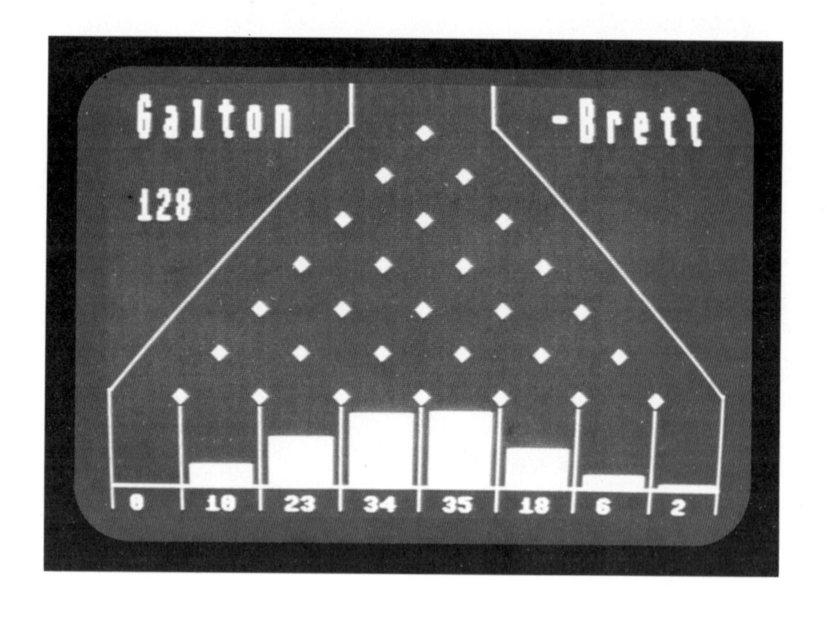
Galton
-Brett
128
0
10
23
34
35
18
6
2

```
10 REM *****************
20 REM GALTON - BRETT
30 REM - ALBRECHT 1984 -
40 REM *****************
50 HIRES 0,12
60 T=RND(-TI)
70 TEXT 17,5,"G"+"▒ALTON",1,3,14: TEXT 225,5,"-B"+"▒RETT",1,3,14
80 FOR I=1 TO 7: FOR J=1 TO I: TEXT 136-I*20+J*40,I*20,"♦",1,1,6
90 NEXT J: NEXT I
100 LINE 124,0,124,20,1: LINE 195,0,195,20,1
110 LINE 124,20,2,140,1: LINE 195,20,317,140,1
120 LINE 2,140,2,196,1: LINE 317,140,317,196,1: LINE 2,185,317,185,1
130 FOR I=1 TO 7: LINE I*40,148,I*40,196,1: NEXT I
140 FOR I=0 TO 7: TEXT 4+I*40,190," 0",1,1,8: NEXT I
150 DESIGN 0,32*64+49152
160 @..BBB...................
170 @.BBBBB..................
180 @BBBBBBB.................
190 @BBBBBBB.................
200 @BBBBBBB.................
210 @.BBBBB..................
220 @..BBB...................
230 @........................
240 @........................
250 @........................
260 @........................
270 @........................
280 @........................
290 @........................
300 @........................
310 @........................
320 @........................
330 @........................
340 @........................
350 @........................
360 @........................
370 MOB SET 1,32,1,1,0
380 FOR I=1 TO 2↑7: X=24+157: Y=0+50: MMOB 1,X,Y-9,X,Y,0,150
390 TEXT 8,50,STR$(I-1),0,2,10: TEXT 8,50,STR$(I),1,2,10
400 FOR J=1 TO 7: Z=2*INT(RND(1)+.5)-1
410 X=X+Z*20: Y=Y+20: RLOCMOB 1,X,Y,0,50: NEXT J
420 F=INT((X-24)/40): RLOCMOB 1,X,226-K(F),0,50
430 K(F)=K(F)+1: LINE F*40+5,185-K(F),F*40+35,185-K(F),1
440 KN$=STR$(K(F)): KA$=STR$(K(F)-1)
450 TEXT 4+F*40,190,KA$,0,1,8: TEXT 4+F*40,190,KN$,1,1,8
460 NEXT I
470 MOB OFF 1
480 GET C$: IF C$="" THEN 480
490 END
```

Programmaufbau

Zeilen

50- 70: Graphikmodus; Überschrift

80- 90: Zeichnung der Hindernisse (schwarze Karos)

100-130: Umrahmung des Brettes; Fächer

140: Belegungszahlen sind anfangs 0

150-370: Definition einer weißen Kugel als MOB

380;460: For-Next-Schleife I

380: X und Y sind Anfangskoordinaten des MOB (Addition von 24 bzw. 50 zu eigentlichen Bildschirmkoordinaten!); Kugel fällt in der Mitte des oberen Bildschirmrandes ins Brett

390: Kugeln werden gezählt

400-410: 7maliges Ziehen einer Zufallszahl Z mit Werten -1 oder 1; bei -1 Ablenkung der Kugel nach links, bei 1 nach rechts

420: Berechnung des Fachs F, in das die Kugel fällt, aus letzter X-Koordinate; senkrechte Bewegung der Kugel im Behälter bis zur Berührung des Blocks

430: K(F) zählt die Kugeln im Fach F; Erhöhung des zugehörigen Blocks um 1 Strich

440-450: Löschen der alten und Schreiben der neuen Anzahl unter Behälter

470: Löschen des MOB

480-490: Nach Tastendruck Programmende.

Programm 9: TSCHEBYSCHEW-UNGLEICHUNG

Programmbeschreibung

Die Tschebyschew-Ungleichung spielt im Stochastikunterricht der Sekundarstufe II u.a. eine Rolle als Beweismittel für das Bernoulli-Gesetz der großen Zahlen. Sie schätzt die Wahrscheinlichkeit dafür ab, daß eine beliebige Zufallsvariable X um mehr als einen vorgegebenen Betrag C von ihrem Erwartungswert M abweicht: $P(|X-M|>C) < \left(\frac{S}{C}\right)^2$; S bezeichnet dabei die Standardabweichung. Die Bedeutung der Ungleichung liegt in ihrer Allgemeingültigkeit; diese wird dadurch erkauft, daß die Abschätzungen in der Regel recht grob sind. Am Beispiel einer binomialverteilten Zufallsgröße X sollen einmal für 7 vorgegebene Abstände C die exakten Wahrscheinlichkeiten $P(|X-M|>C)$ verglichen werden mit den Werten $\left(\frac{S}{C}\right)^2$ der Ungleichung.
Beim Algorithmus zur Berechnung der Binomalverteilung wurde auf eine evtl. Vertauschung von p und q verzichtet. Daraus resultieren für die Wahl von p Einschränkungen: z.B. muß $p \leq 0{,}98$ sein bei n = 20, $p \leq 0{,}94$ bei n = 30, $p \leq 0{,}88$ bei n = 40, $p \leq 0{,}81$ bei n = 50, $p \leq 0{,}57$ bei n = 100. Wenn die Werte von n und p nicht zu korrekten Ergebnissen führen, erfolgt ein neuer Programmstart.
Welche Informationen liefert das Programm nun im einzelnen etwa für n = 50 und p = 0,45? In der Tschebyschew-Ungleichung sind der Erwartungswert M = 22,5 und die Standardabweichung S = 3,52 abzulesen. Die linke Tabellenspalte enthält die vorgegebenen Werte für C; sie wurden absichtlich nicht als Vielfache von S festgelegt, weil dann bei jeder Wahl von n und p die rechten Spalten identisch wären. Der 2. Spalte kann man entnehmen, daß $P(|X-22{,}5|>5) = 0{,}1545$ ist. Die Tschebyschew-Abschätzung ist erheblich ungenauer, nämlich $P(|X-22{,}5|>5) < 0{,}4950$ (3. Spalte).
Mit "RUN/STOP" kann man aus dem Programm aussteigen.

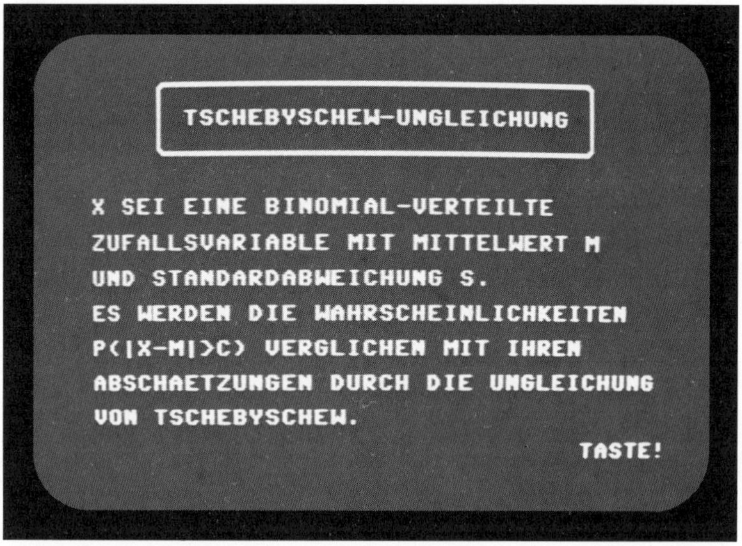

TSCHEBYSCHEW-UNGLEICHUNG

X SEI EINE BINOMIAL-VERTEILTE
ZUFALLSVARIABLE MIT MITTELWERT M
UND STANDARDABWEICHUNG S.
ES WERDEN DIE WAHRSCHEINLICHKEITEN
P(|X-M|>C) VERGLICHEN MIT IHREN
ABSCHAETZUNGEN DURCH DIE UNGLEICHUNG
VON TSCHEBYSCHEW.

TASTE!

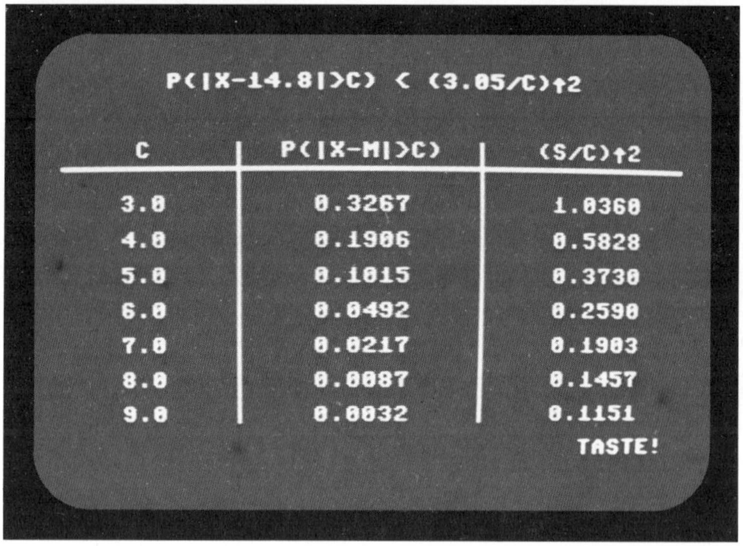

P(|X-14.8|>C) < (3.05/C)↑2

C	P(|X-M|>C)	(S/C)↑2
3.0	0.3267	1.0360
4.0	0.1906	0.5828
5.0	0.1015	0.3730
6.0	0.0492	0.2590
7.0	0.0217	0.1903
8.0	0.0087	0.1457
9.0	0.0032	0.1151

TASTE!

```
10 REM ***************************************************
20 REM ZUR ABSCHAETZUNG DURCH DIE TSCHEBYSCHEW-UNGLEICHUNG
30 REM - ALBRECHT 1984 -
40 REM ***************************************************
50  POKE 53280,14: POKE 53281,6: PRINT"◣"
60 PRINT"■■■"TAB(6)"┌──────────────────────────┐": PRINT TAB(6)"|"TAB(33)"|"
70 PRINT TAB(6)"| TSCHEBYSCHEW-UNGLEICHUNG |": PRINT TAB(6)"|"TAB(33)"|"
80 PRINT TAB(6)"└──────────────────────────┘"
90 PRINT"■■■■X SEI EINE BINOMIAL-VERTEILTE"
100 PRINT"■■■ZUFALLSVARIABLE MIT MITTELWERT M"
110 PRINT"■■■UND STANDARDABWEICHUNG S."
120 PRINT"■■■ES WERDEN DIE WAHRSCHEINLICHKEITEN "
130 PRINT"■■■P(|X-M|>C) VERGLICHEN MIT IHREN"
140 PRINT"■■■ABSCHAETZUNGEN DURCH DIE UNGLEICHUNG"
150 PRINT"■■■VON TSCHEBYSCHEW."
160 PRINT"■"TAB(33)"TASTE!"
170 GET X$: IF X$="" THEN 170
180 FOR I=1 TO 8
190 PRINT AT(2,7+I*2)"                                        ": NEXT I
200 PRINT AT(4,11)"ANZAHL DER VERSUCHE N";: INPUT N
210 INPUT"■■■■■■WAHRSCHEINLICHKEIT P";P
220 IF N<1 OR N<>INT(N) OR P<0 OR P>1 THEN RUN
230 M=N*P: M1=INT(100*M+.5)/100: M$=STR$(M1): M$=RIGHT$(M$,LEN(M$)-1)
240 IF M1>0 AND M1<1 THEN M$="0"+M$
250 S=SQR(N*P*(1-P)): S1=INT(100*S+.5)/100: S$=STR$(S1): S$=RIGHT$(S$,LEN(S$)-1)
260 IF S1>0 AND S1<1 THEN S$="0"+S$
270 PRINT"■■■         P(|X-"M$"|>C) < ("S$"/C)↑2"
280 PRINT"■■■      C      |  P(|X-M|>C)  |    (S/C)↑2"
290 PRINT"────────────┼──────────────┼──────────────";
300 FOR I=1 TO 14: PRINT"            |              |": NEXT I
310 FOR C=3 TO 9: PRINT AT(3,3+2*C)C"■.0"
320 SU=0: L=INT(M+C)+1: K=INT(M-C): IF K=M-C THEN K=K-1
330 Q=1-P: B=Q↑N: IF B=0 THEN STOP
340 IF K>=0 THEN SU=B :ELSE: SU=0
350 FOR I=1 TO N
360 B=B*P*(N-I+1)/(Q*I)
370 IF I<=K OR I>=L THEN SU=SU+B
380 NEXT I
390 SU=INT(SU*10000+.5)/10000+1: SU$=STR$(SU)
400 IF SU>1 THEN SU$=INST("0",SU$,1) :ELSE: SU$=" 0.0000"
410 IF LEN(SU$)<7 THEN SU$=SU$+RIGHT$(".0000",7-LEN(SU$))
420 PRINT AT(15,3+C*2)SU$
430 Y=INT(10000*(S/C)↑2+.5)/10000+1: Y$=STR$(Y)
440 IF Y>=2 THEN Y=Y-1: Y$=STR$(Y): GOTO 460
450 Y$=INST("0",Y$,1)
460 IF LEN(Y$)<7 THEN Y$=Y$+RIGHT$(".0000",7-LEN(Y$))
470 PRINT AT(30,3+C*2)Y$
480 NEXT C
490 PRINT"■"TAB(33)"TASTE!"
500 GET X$: IF X$="" THEN 500
510 GOTO 60
520 END
```

Programmaufbau

Zeilen

50-170: Bildschirmfarben; eingerahmte Überschrift; Erläuterungen zum Programm

180-220: Eingaben; evtl. neuer Programmstart

230-260: Berechnung des Erwartungswertes M und der Standardabweichung S; Darstellung auf 2 Nachkommastellen gerundet; Abtrennung des führenden Leerzeichens bei M$ und S$; Vorkommanull

270: Tschebyschew-Ungleichung mit aktuellen Parametern M und S

280-300: Tabelle

310;480: For-Next-Schleife C

310: Darstellung von C in linker Tabellenspalte

320: SU vorläufig 0; L obere Grenze, K untere Grenze

330: B Startwert für Rekursionsformel (Zeile 360); evtl. neuer Programmstart

340: Anfangswert für SU

350-380: Mit Hilfe der Rekursionsformel in Zeile 360 Aufsummierung der exakten Wahrscheinlichkeiten in SU

390-420: SU auf 4 Nachkommastellen gerundet; mit Vorkommanull; keine Exponentialschreibweise; evtl. Anhängen von Nullen; Darstellung in mittlerer Spalte

430-470: Ähnlich wie Zeilen 390-420; Darstellung in rechter Spalte

490-510: Nach Tastendruck neuer Programmdurchlauf.

Programm 10: BERNOULLI-GESETZ

Programmbeschreibung

Das Bernoullische Gesetz der großen Zahlen rechtfertigt es, als Schätzwert für die Wahrscheinlichkeit P(A) eines Ereignisses A dessen relative Häufigkeit $H_N(A)$ in einer Bernoulli-Kette der Länge N zu benutzen. Formulieren läßt sich das Gesetz folgendermaßen: $\lim_{N \to \infty} P(|H_N(A) - P(A)| < E) = 1$, wobei $E > 0$ ist. Die angemessene Interpretation dieser Grenzwertbeziehung, die eine Konvergenz von Wahrscheinlichkeiten beschreibt, bereitet den Schülern häufig Schwierigkeiten. Es ist z.B. keineswegs gesagt, daß die relativen Häufigkeiten $H_N(A)$ gegen P(A) konvergieren.

Das Programm soll zu einem besseren Verständnis des Gesetzes beitragen. Dazu werden S Serien von Bernoulli-Ketten der Länge 700 betrachtet. Bei jedem einzelnen Bernoulli-Versuch kann ein Ereignis mit Wahrscheinlichkeit P eintreten (Treffer, "1") oder nicht. Die Ergebnisse jeder Serie werden in einer Tabelle ausgewertet. In Abständen von 100 werden jeweils die relativen Häufigkeiten H_N angezeigt. Außerdem wird festgestellt, ob sich die betreffenden H_N von P um weniger als eine Schranke E unterscheiden. Ist das der Fall, wird in der entsprechenden Tabellenzeile und der mit $|H_N - P| < E$ beschrifteten Tabellenspalte "JA" notiert, andernfalls "NEIN". Dabei kann man beobachten, daß die Bedingung $|H_N - P| < E$, falls sie einmal erfüllt ist, nicht unbedingt auch für alle weiteren N erfüllt sein muß; d.h. es gibt Versuchsserien, wo sich "JA" und "NEIN" immer wieder abwechseln. In der Spalte A_N wird gezählt, bei wie vielen Versuchsserien der Abstand zwischen H_N und P kleiner als E ist. Am Schluß werden die A_N durch S dividiert (rechte Spalte), um einen Näherungswert für die Wahrscheinlichkeiten $P(|H_N - P| < E)$ zu erhalten. Bei hinreichend großem S (etwa S = 100) zeigt sich schon eine deutliche, in der Regel monoton steigende Tendenz der Werte $\frac{A_N}{S}$, die naturgemäß umso näher an 1 heranreichen, je größer die Schranke E ist.

Zu Beginn des Programms bestimmt der Benutzer S,P und E (bei unsinnigen Eingaben neuer Programmstart). Die Wahl der Schranke E erfordert etwas Fingerspitzengefühl. Das Programm erwartet $0 < E < 1$. Aber damit in der mittleren Tabellenspalte nicht nur "JA" oder nur "NEIN" erscheint, was wenig aussagefähig wäre, darf E nicht zu groß bzw. zu klein ausfallen. In der Regel sind etwa Werte für E zwischen 0,015 und 0,025 angemessen.

Die Betätigung der "SHIFT"-Taste veranlaßt jeweils den Start der nächsten Bernoulli-Kette bzw. die Berechnung der Werte $\frac{A_N}{S}$. Möchte man bei einer großen

Anzahl von Versuchsserien die einzelne Serie nicht besonders betrachten, weil es einem nur auf die Näherungswerte für die Wahrscheinlichkeiten $P(|H_N(A) - P(A)| < E)$ in der rechten Spalte ankommt, so kann das Programm nach Eingabe der Parameter bis zum Ende sich selbst überlassen werden. Dazu muß man nur statt "SHIFT" beim ersten Mal "SHIFT/LOCK" drücken.

P=0.7 VERSUCHSSERIE 20 E=0.025

N	H_N	$\|H_N-P\|<E$	A_N	A_N/S
100	0.710	JA	8	
200	0.750	NEIN	5	
300	0.737	NEIN	9	
400	0.720	JA	12	
500	0.718	JA	12	
600	0.717	JA	17	
700	0.716	JA	16	

```
10 REM ******************************************************
20 REM SIMULATIONEN ZUM BERNOULLISCHEN GESETZ DER GROSSEN ZAHLEN
30 REM - ALBRECHT 1984 -
40 REM ******************************************************
50 POKE 53280,14: POKE 53281,6: PRINT"▚": T=RND(-TI)
60 PRINT"▚▚▚▚▚▚▚▚▚╭──────────────────────────╮"
70 PRINT TAB(5)"|"TAB(33)"|"
80 PRINT TAB(5)"|     SIMULATIONEN ZUM      |": PRINT TAB(5)"|"TAB(33)"|"
90 PRINT TAB(5)"|      BERNOULLISCHEN       |": PRINT TAB(5)"|"TAB(33)"|"
100 PRINT TAB(5)"| GESETZ DER GROSSEN ZAHLEN |": PRINT TAB(5)"|"TAB(33)"|"
110 PRINT TAB(5)"╰──────────────────────────╯"
120 INPUT"▚▚▚▚▚▚▚▚▚ANZAHL DER VERSUCHSSERIEN S";S
130 INPUT"▚▚▚▚▚WAHRSCHEINLICHKEIT P";P
140 INPUT"▚▚▚▚▚SCHRANKE E";E
150 IF S<0 OR S<>INT(S) OR P<0 OR P>1 OR E<=0 OR E>=1 THEN RUN
160 E$=STR$(E+1): E$=RIGHT$(E$,LEN(E$)-1): E$=INST("0",E$,0): E$="E="+E$
170 IF P=1 THEN P$="P=1": GOTO 190
180 P$=STR$(P+1): P$=RIGHT$(P$,LEN(P$)-1): P$=INST("0",P$,0): P$="P="+P$
190 PRINT"▚▚▚"P$;: PRINT TAB(39-LEN(E$))E$
200 PRINT TAB(12)"VERSUCHSSERIE"
210 PRINT"▚▚  N  |   H    | |H -P|<E |  A   | A /S
220 PRINT"     |    N    |  N      |   N  |  N"
230 PRINT"─────┼─────────┼─────────┼──────┼───────";
240 FOR I=1 TO 14:PRINT"     |         |         |      |": NEXT I
250 FOR I=1 TO 7: PRINT AT(0,7+I*2)STR$(I*100): NEXTI
260 FOR I=1 TO S: PRINT AT(25,2)STR$(I)
270 H=0: HN=0
280 FOR J=1 TO 7
290 FOR K=1 TO 100: Z=INT(RND(1)+P): H=H+Z: NEXT K
300 HN=H/(J*100): HN=INT(HN*1000+.5)/1000
310 IF HN=1 THEN HN$=" 1.000": GOTO 340
320 HN$=STR$(HN+1): HN$=INST("0",HN$,1)
330 IF LEN(HN$)<6 THEN HN$=HN$+RIGHT$(".000",6-LEN(HN$))
340 PRINT AT(6,7+J*2) HN$
350 IF ABS(HN-P)>=E THEN PRINT AT(18,7+J*2)"NEIN": GOTO 370
360 A(J)=A(J)+1: PRINT AT(19,7+J*2)"JA":PRINT AT(27,7+J*2)STR$(A(J))
370 NEXT J
380 WAIT 653,1
390 FOR J=1 TO 7: PRINT AT(7,7+J*2)"       ▚▚▚▚▚▚    ": NEXTJ
400 NEXT I
410 FOR J=1 TO 7: W(J)=INT(A(J)*1000/S+.5)/1000
420 IF W(J)=1 THEN W$=" 1.000": GOTO 450
430 W$=STR$(W(J)+1): W$=INST("0",W$,1)
440 IF LEN(W$)<6 THEN W$=W$+RIGHT$(".000",6-LEN(W$))
450 PRINT AT(33,7+J*2)W$
460 NEXT J
470 END
```

Programmaufbau

Zeilen

50-110: Bildschirmfarben, eingerahmte Überschrift

120-150: Eingaben; evtl. neuer Programmstart

160-190: Darstellung von P und E in linker bzw. rechter oberer Bilschirmecke; mit Vorkommanull; keine Exponentialschreibweise; Bildschirm wurde vorher gelöscht

200;260: Versuchsserien werden gezählt und angezeigt

210-240: Tabelle

250: Eintragung von 100, 200, ..., 700 in linke Spalte

260;400: For-Next-Schleife I

270: Zu Beginn jeder Versuchsserie werden H und HN 0 gesetzt

280;370: For-Next-Schleife J

290: Ziehung von 100 Zufallszahlen Z; mit Wahrscheinlichkeit P ist Z = 1 und mit Wahrscheinlichkeit 1 - P ist Z = 0; in H Aufsummierung der Z; am Ende sind (bei J = 7) in H 700 Werte aufsummiert worden

300: Berechnung der 7 relativen Häufigkeiten $H_{100}, \ldots, H_{700}$ auf 3 Nachkommastellen gerundet

310-340: Darstellung von H_N in Tabelle; mit Vorkommanull; keine Exponentialschreibweise; evtl. Anhängen von Nullen

350-360: Anzeige von "JA" oder "NEIN"; bei "JA" Erhöhung des entsprechenden Wertes in Spalte A_N

380: Warten auf "SHIFT"

390: Löschen der 2. und 3. Tabellenspalte

410-450: Berechnung und übliche Darstellung der Werte $\frac{A_N}{S}$ in der rechten Spalte

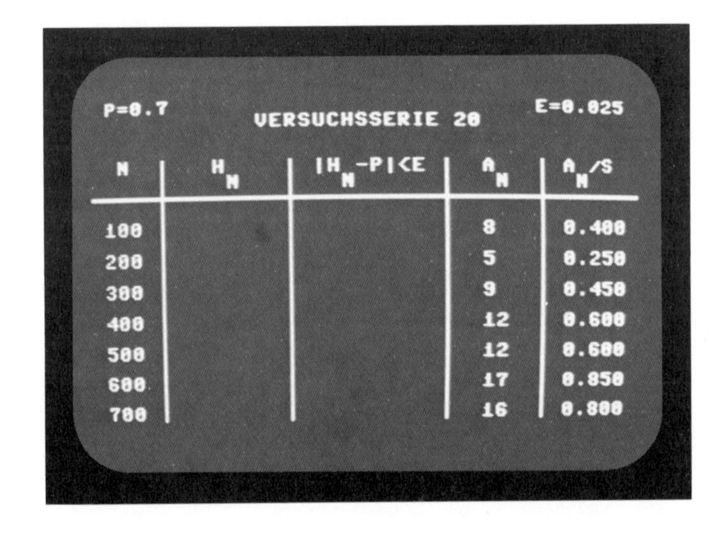

Programm 11: STABILISIERUNG DER RELATIVEN HÄUFIGKEIT

Programmbeschreibung

Mathematisch legitimiert durch das Bernoullische Gesetz der großen Zahlen, kann man als Schätzer für die unbekannte Wahrscheinlichkeit eines Ereignisses dessen empirisch ermittelte relative Häufigkeit H_N nehmen, wenn N hinreichend groß ist. In früheren Programmen betrug N 300 bzw. 700 (vgl. Programme 1 und 10). Im ersten Fall war die Wahl von N bedingt durch die Bildschirmauflösung; in Programm 10 überschritt N nicht 700, damit der Programmablauf auch bei größeren Werten von S nicht zuviel Zeit beanspruchte. Hier nun bietet sich die Möglichkeit, den Stabilisierungseffekt der relativen Häufigkeit bei bis 4500 wachsendem N zu verfolgen. Durch geringfügige Eingriffe in das Programm kann man diese Grenze noch weiter hinausschieben, etwa bis 9000. Dazu muß nur in den Zeilen 260, 300, 350 und 470 jeweils die Zahl 500 durch 1000 ersetzt werden. Aber ganz abgesehen von der Zeit, die das Programm dann benötigt, erscheint eine zu große Wahl von N auch deshalb wenig sinnvoll, weil zu befürchten steht, daß der im Rechner eingebaute Zufallsgenerator überfordert wird und in eine "Schleife" gerät.
Für die disjunkten Ereignisse E_1 bis E_4 wird die Festlegung von 4 Wahrscheinlichkeiten verlangt, die sich zu 1 ergänzen müssen (sonst neuer Programmstart). Danach werden 4500 Zufallsexperimente durchgeführt; bei jedem kann in Abhängigkeit von den anfangs bestimmten Wahrscheinlichkeiten genau eines der Ereignisse $E_1, \ldots, E_4$ eintreten. Für die Vielfachen von 500 werden in einer Tabelle die 4 zugehörigen relativen Häufigkeiten angezeigt, und man kann beobachten, wie weit sie sich den vorgegebenen Wahrscheinlichkeiten annähern. Zur Unterstützung dieser Beobachtung bewirkt das Drücken der "SHIFT"-Taste die Ausgabe einer weiteren Tabelle mit den absoluten Differenzen $D(N,I) = |P(E_I) - H_N(E_I)|$. Nochmaliges "SHIFT" beendet das Programm.

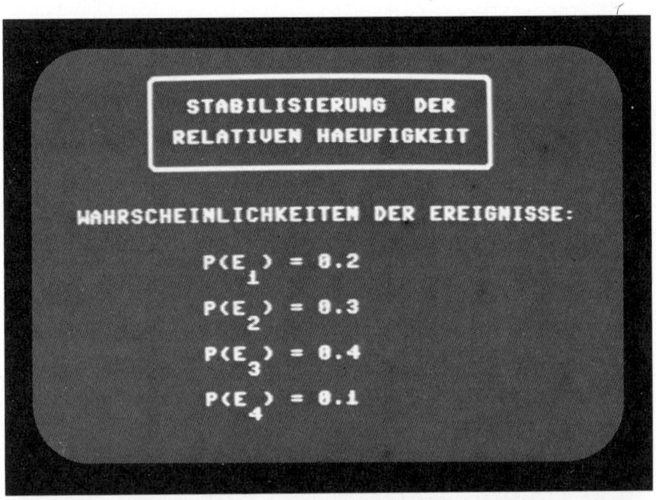

STABILISIERUNG DER RELATIVEN HAEUFIGKEIT

WAHRSCHEINLICHKEITEN DER EREIGNISSE:

$P(E_1) = 0.2$

$P(E_2) = 0.3$

$P(E_3) = 0.4$

$P(E_4) = 0.1$

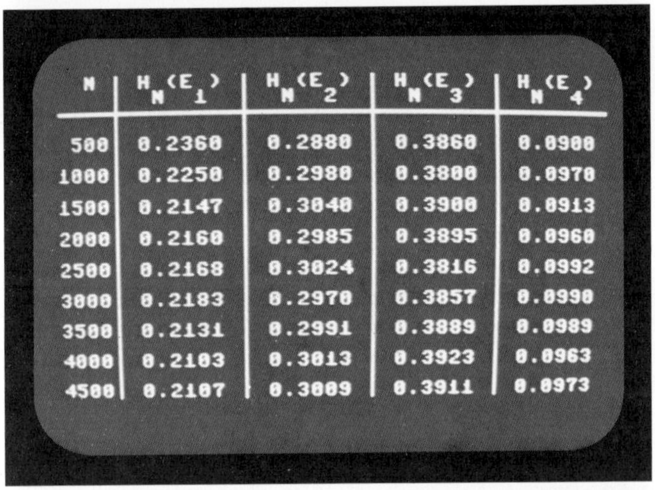

N	$H_N(E_1)$	$H_N(E_2)$	$H_N(E_3)$	$H_N(E_4)$
500	0.2360	0.2880	0.3860	0.0900
1000	0.2250	0.2980	0.3800	0.0970
1500	0.2147	0.3040	0.3900	0.0913
2000	0.2160	0.2985	0.3895	0.0960
2500	0.2168	0.3024	0.3816	0.0992
3000	0.2183	0.2970	0.3857	0.0990
3500	0.2131	0.2991	0.3889	0.0989
4000	0.2103	0.3013	0.3923	0.0963
4500	0.2107	0.3009	0.3911	0.0973

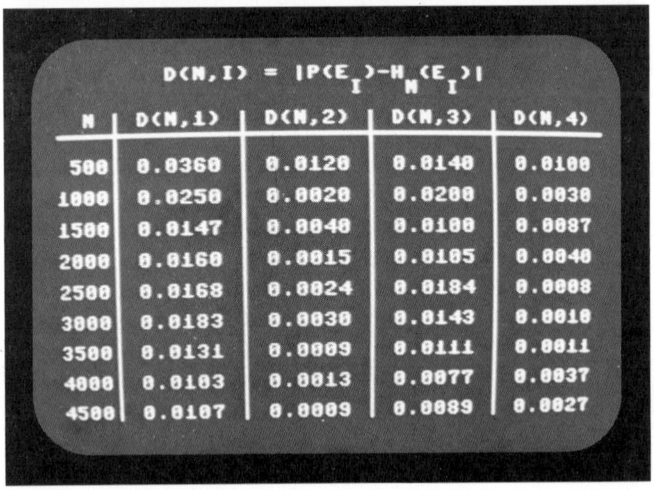

$D(N,I) = |P(E_I) - H_N(E_I)|$

N	D(N,1)	D(N,2)	D(N,3)	D(N,4)
500	0.0360	0.0120	0.0140	0.0100
1000	0.0250	0.0020	0.0200	0.0030
1500	0.0147	0.0040	0.0100	0.0087
2000	0.0160	0.0015	0.0105	0.0040
2500	0.0168	0.0024	0.0184	0.0008
3000	0.0183	0.0030	0.0143	0.0010
3500	0.0131	0.0009	0.0111	0.0011
4000	0.0103	0.0013	0.0077	0.0037
4500	0.0107	0.0009	0.0089	0.0027

```
10 REM ****************************************
20 REM STABILISIERUNG DER RELATIVEN HAEUFIGKEIT
30 REM - ALBRECHT 1984 -
40 REM ****************************************
50 POKE 53280,14: POKE 53281,6: PRINT"◣"
60 DIM D(9,4): T=RND(-TI)
70 PRINT"█████████┌───────────────────────┐": PRINT TAB(7)"|"TAB(31)"|"
80 PRINT TAB(7)"|  STABILISIERUNG  DER  |": PRINT TAB(7)"|"TAB(31)"|"
90 PRINT TAB(7)"| RELATIVEN HAEUFIGKEIT |": PRINT TAB(7)"|"TAB(31)"|"
100 PRINT TAB(7)"└───────────────────────┘"
110 PRINT"████WAHRSCHEINLICHKEITEN DER EREIGNISSE:"
120 POKE 19,64
130 FOR I=1 TO 4: PRINT"█████████████P(E ) = ": PRINT"███████████████"I
140 INPUT"██████████████████████████";P(I): PRINT
150 NEXT I
160 POKE 19,0
170 IF INT(10000000*(P(1)+P(2)+P(3)+P(4)))/10000000<>1 THEN RUN
180 IF P(1)<0 OR P(2)<0 OR P(3)<0 OR P(4)<0 THEN RUN
190 PRINT"███"
200 PRINT"  N";
210 FOR I=1 TO 4: PRINT AT((I-1)*9+4,3)"| H (E ) "
220 PRINT AT((I-1)*9+4,4)"|  N "I
230 NEXT I
240 PRINT"────┼─────────┼─────────┼─────────┼─────────";
250 FOR I=1 TO 9: PRINT"    |         |         |         |"
260 I$=RIGHT$(STR$(I*500),4): PRINTI$"|         |         |         |"
270 NEXT I
280 PI(1)=P(1): PI(2)=PI(1)+P(2): PI(3)=PI(2)+P(3)
290 FOR J=1 TO 9
300 FOR K=1 TO 500: Z=RND(1)
310 X=3-(SGN(PI(1)-Z)+SGN(PI(2)-Z)+SGN(PI(3)-Z)+SGN(1-Z))/2
320 H(X)=H(X)+1
330 NEXT K
340 FOR X=1 TO 4
350 HN(X)=H(X)/(J*500): HN(X)=INT(HN(X)*10000+.5)/10000
360 D(J,X)=ABS(P(X)-HN(X)): D(J,X)=INT(D(J,X)*10000+.5)/10000
370 H$=STR$(HN(X)+1): IF HN(X)=1 THEN H$=" 1.0000" :ELSE: H$=INST("0",H$,1)
380 IF LEN(H$)<7 THEN H$=H$+RIGHT$(".0000",7-LEN(H$))
390 PRINT AT(5+(X-1)*9,5+J*2)H$
400 NEXT X
410 NEXT J
420 WAIT 653,1
430 PRINT"███████████D(N,I) = |P(E )-H (E )|": PRINT TAB(21)"I    N  I"
440 PRINT"█  N | D(N,1) | D(N,2) | D(N,3) | D(N,4)"
450 PRINT"────┼─────────┼─────────┼─────────┼─────────";
460 FOR J=1 TO 9: PRINT"    |         |         |         |"
470 J$=RIGHT$(STR$(J*500),4): PRINTJ$"|         |         |         |": NEXT J
480 FOR J=1 TO 9
490 FOR I=1 TO 4
500 D$=STR$(D(J,I)+1): IF D(J,I)=1 THEN D$=" 0.0000" :ELSE: D$=INST("0",D$,1)
510 IF LEN(D$)<7 THEN D$=D$+RIGHT$(".0000",7-LEN(D$))
520 PRINT AT(5+(I-1)*9,5+J*2)D$
530 NEXT I
540 NEXT J
550 WAIT 653,1
560 END
```

Programmaufbau

Zeilen

50-100: Bildschirmfarben; Dimensionierung des Variablenfeldes für die absoluten Differenzen; eingerahmte Überschrift

110-180: Eingabe der 4 Wahrscheinlichkeiten P(1) bis P(4); Befehl in Zeile 120 unterdrückt INPUT-Fragezeichen, der in Zeile 160 hebt Unterdrückung auf; evtl. neuer Programmstart; die etwas umständliche Abfrage mit INT in Zeile 170 garantiert, daß bei richtigen Eingaben nicht fälschlicherweise ein neuer Programmstart erfolgt; lautet die Abfrage nur P(1) +P(2) +P(3) +P(4) <> 1, veranlaßt z.B. die Eingabenreihenfolge 0.2, 0.2, 0.3, 0.3, bedingt durch die rechnerinterne Zahldarstellung, einen neuen Programmbeginn

190-240: Löschen des Bildschirms; Tabellenkopf

250-270: Ausfüllen der linken Tabellenspalte; senkrechte Tabellenstriche

280;310: Die mit den Hilfsvariablen PI(1) bis PI(3) definierte Zufallsgröße X nimmt die Werte 1, 2, 3, 4 mit den Wahrscheinlichkeiten P(1), P(2), P(3), P(4) an.

290;410: For-Next-Schleife J

300-330: Mit Hilfe von jeweils 500 gezogenen Zufallszahlen Z wird X 500 mal bestimmt und die entsprechende Häufigkeit H(X) um 1 erhöht.

340;400: For-Next-Schleife X

350: Berechnung der relativen Häufigkeiten HN(X) aus den Häufigkeiten H(X) für Vielfache von 500, auf 4 Nachkommastellen gerundet

360: Berechnung der absoluten Differenzen D(J,X) auf 4 Nachkommastellen gerundet

370-390: Zeilenweise Darstellung der relativen Häufigkeiten in der Tabelle; keine Exponentialschreibweise; mit Vorkommanull; evtl. Anhängen von Nullen

420: Nach "SHIFT" Ausgabe der nächsten Tabelle mit absoluten Differenzen

430-450: Löschen des Bildschirms; Überschrift; Tabellenkopf

460-470: Eintragung von 500 bis 4500 in linke Tabellenspalte; senkrechte Tabellenstriche

480-540: Zeilenweises Ausfüllen der Tabelle; keine Exponentialschreibweise; mit Vorkommanull, evtl. Anhängen von Nullen

550-560: Nach Drücken von "SHIFT" Programmende.

Programm 12: HYPERGEOMETRISCHE VERTEILUNG

Wie beim Programm BINOMIAL lassen sich auch hier über ein Menü die vier Programme Histogramm, Tabelle, Verteilungsfunktion und Berechnung wählen. Nach Beendigung eines aufgerufenen Programms kehrt man mit einem Tastendruck jeweils ins Menü zurück, während "RUN/STOP" zum Abbruch führt.
Liegt der Binomialverteilung ein Urnenmodell zugrunde, bei dem die gezogenen Kugeln wieder zurückgelegt werden, so beschreibt die hypergeometrische Verteilung Zufallsversuche, die man vergleichen kann mit der Situation des Ziehens aus einer Urne, wobei die gezogenen Kugeln nicht wieder zurückgelegt werden. Fragestellungen, die auf hypergeometrische Verteilungen führen, lassen sich also etwa auf folgende Weise einkleiden:
In einer Urne befinden sich insgesamt G Kugeln, von ihnen sind S schwarz und $G - S$ weiß. Aus der Urne werden N Kugeln ohne Zurücklegen gezogen. Gesucht ist die Wahrscheinlichkeit, daß von diesen N genau K Kugeln schwarz sind.
Es sei nun X eine hypergeometrischverteilte Zufallsvariable, $E = \min(N,S)$ und $A = \max(0, N+S-G)$. Dann ist der Wertebereich von X gleich $\{0,...,E\}$. Ablesbar am Formelausdruck für die hypergeometrische Verteilung kann die Wahrscheinlichkeit $P(X = K)$ aber nur dann positive Werte annehmen, wenn $K \geq A$ ist.

Programmbeschreibung (Histogramm)

Unter dem Formelausdruck für die hypergeometrische Verteilung sind im Textmodus die Gesamtzahl der Kugeln G, die Anzahl der schwarzen Kugeln S und die Anzahl der ohne Zurücklegen zu ziehenden Kugeln N einzugeben (sinnlose Eingaben verursachen einen neuen Programmstart). Danach erscheint im Graphikmodus das Histogramm in einem Koordinatensystem nebst aktuellen Parametern G,S und N. Sollte das Histogramm nicht vollständig dargestellt werden können, weil N größer als 28 oder eine der Wahrscheinlichkeiten größer als $\approx 0{,}6$ ist, wird darauf durch einen Haken am rechten oberen Bildschirmrand hingewiesen. Das Histogramm wird dann nur teilweise gezeichnet, ohne daß das Programm abbricht. Wahrscheinlichkeiten größer 0,6 ergeben sich dann, wenn N oder S klein sind oder S nahe bei G liegt, etwa im Fall $G = 100$, $S = 95$, $N = 5$.
Zu große Zahlen bedingen einen "Overflow error". Bei $N = 28$ muß man ihn aber nicht befürchten, wenn G nicht größer als 275 festgelegt wird. Mit sinkendem N läßt sich G erhöhen, so daß z.B. eine Wahl von $G = 750$, $S = 300$, $N = 19$ möglich ist.

Auch die aktuellen Werte für A und E sind ablesbar: An der waagerechten Koordinatenachse werden die entsprechenden Unterteilungsstriche verlängert (beachte: bei E > 28 wird E = 28 gesetzt).
Es ist anfangs sicher nicht ganz leicht, bei der hypergeometrischen Verteilung die Auswirkung der einzelnen Parameter G,S und N richtig einzuschätzen, so daß sich über die Histogramme eine gute Möglichkeit bietet, mit der Verteilung vertraut zu werden.

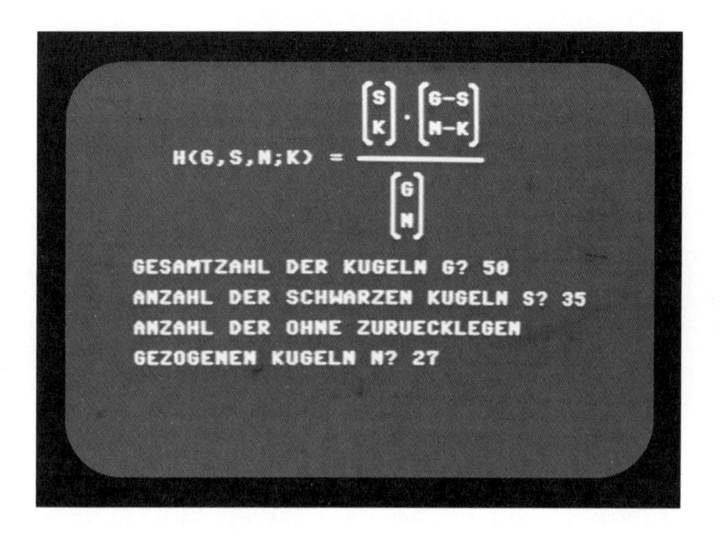

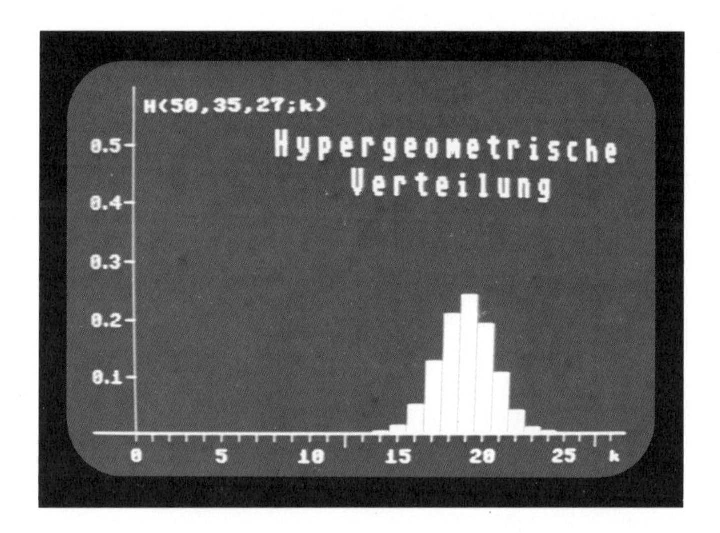

```
10 REM ****************************
20 REM HYPERGEOMETRISCHE VERTEILUNG
30 REM - ALBRECHT 1984 -
40 REM ****************************
50 POKE 53280,14: POKE 53281,6: PRINT"◣"
60 PRINT"▓▓▓▓▓▓▓╭──────────────────────────────╮": PRINT TAB(4)"|"TAB(35)"|"
70 PRINT TAB(4)"| HYPERGEOMETRISCHE VERTEILUNG |": PRINT TAB(4)"|"TAB(35)"|"
80 PRINT TAB(4)"╰──────────────────────────────╯"
90 PRINT"▓▓▓▓▓▓▓1. HISTOGRAMM"
100 PRINT"▓▓▓▓▓2. TABELLE"
110 PRINT"▓▓▓▓▓3. VERTEILUNGSFUNKTION -GRAFIK-"
120 PRINT"▓▓▓▓▓4. BERECHNUNG VON WAHRSCHEINLICH-": PRINT"▓"TAB(7)"KEITEN"
130 PRINT"▓▓▓▓▓";: FETCH"1234",1,W$: W=VAL(W$)
140 PRINT"▓": PRINT TAB(19)"╭╮ ╭ ╮": PRINT TAB(19)"|S| |G-S|"
150 PRINT TAB(19)"| |.|  |": PRINT TAB(19)"|K| |N-K|"
160 PRINT TAB(19)"╰╯ ╰ ╯": PRINT TAB(6)"H(G,S,N;K) = ──────────"
170 PRINT TAB(21)"╭╮": PRINT TAB(21)"|G|": PRINT TAB(21)"| |"
180 PRINT TAB(21)"|N|": PRINT TAB(21)"╰╯"
190 PRINT AT(3,13)"GESAMTZAHL DER KUGELN G";:INPUT G
200 INPUT"▓▓▓▓ANZAHL DER SCHWARZEN KUGELN S";S
210 PRINT"▓▓▓▓ANZAHL DER OHNE ZURUECKLEGEN":INPUT"▓▓▓▓GEZOGENEN KUGELN N";N
220 IF G<1 OR S<0 OR N<1 OR G<>INT(G) OR S<>INT(S) OR N<>INT(N) THEN RUN
230 IF S>G OR N>G THEN RUN
240 IF W=4 THEN INPUT"▓▓▓▓SCHWARZE KUGELN MINDESTENS";U
250 IF W=4 THEN INPUT"▓▓▓▓SCHWARZE KUGELN HOECHSTENS";O
260 IF W=4 AND (U<0 OR U>O OR O>N OR U<>INT(U) OR O<>INT(O)) THEN RUN
270 G$=STR$(G): G$=RIGHT$(G$,LEN(G$)-1): S$=STR$(S): S$=RIGHT$(S$,LEN(S$)-1)
280 N$=STR$(N): N$=RIGHT$(N$,LEN(N$)-1)
290 IF N+S-G<=0 THEN A=0 :ELSE: A=N+S-G
300 IF S<=N THEN E=S :ELSE: E=N
310 GN=1: WK=1: SK=1
320 X=G: Y=N: FOR I=N TO 1 STEP-1: GN=GN*X/Y: X=X-1: Y=Y-1: NEXT I
330 IF A>0 THEN X=S: Y=A: FOR I=A TO 1 STEP-1: SK=SK*X/Y: X=X-1: Y=Y-1: NEXT I
340 IF A=0 THEN X=G-S: Y=N: FOR I=N TO 1 STEP-1: WK=WK*X/Y: X=X-1: Y=Y-1: NEXT
350 ON W GOSUB 380,640,830,1110
360 GOTO 60
370 REM ***** HISTORAMM *****
380 HIRES 0,7
390 LINE 3,182,320,182,1: LINE 30,186,30,0,1
400 FOR I=1 TO 28: LINE30+I*10,182,30+I*10,186,1: NEXT I
410 FOR I=1 TO 5: LINE 25,182-I*30,30,182-I*30,1: NEXT I
420 TEXT 26,191,"0",1,1,8: TEXT 76,191,"5",1,1,8
430 FOR I=10 TO 25 STEP 5: TEXT 15+I*10,191,STR$(I),1,1,8: NEXT I
440 TEXT 310,191,"▓K",1,1,8
450 FOR I= 1 TO 5: Z$=STR$(I): Z$=RIGHT$(Z$,1): Z$="0."+Z$
460 TEXT 3,179-I*30,Z$,1,1,6: NEXT I
470 TEXT 36,8,"H("+G$+","+S$+","+N$+"▓;K)",1,1,8
480 TEXT 110,25,"H"+"▓YPERGEOMETRISCHE",1,2,12
490 TEXT 152,45,"V"+"▓ERTEILUNG",1,2,12
500 IF A>28 THEN V$="1": GOTO 590
510 IF E>28 THEN E=28: V$="1"
520 LINE 30+A*10,187,30+A*10,189,1: LINE 30+E*10,187,30+E*10,189,1
530 Z=SK*WK/GN
540 FOR K=A TO E
550 ZH=INT(300*Z+.5): IF ZH>182 THEN ZH=182: V$="1"
560 BLOCK 26+K*10,182-ZH,34+K*10,182,1
570 Z=Z*(S-K)*(N-K)/((K+1)*(G-S-N+K+1))
580 NEXT K
590 IF V$="1" THEN TEXT 300,5,"┌",1,2,8: V$=""
600 WAIT 203,63
610 CSET0
620 RETURN
```

Programmaufbau

Zeilen

50:	Bildschirmfarben im Textmodus
60- 80:	Eingerahmte Überschrift
90-130:	Menü
140-180:	Formel für hypergeometrische Verteilung
190-260:	Eingaben; evtl. Neustart
270-280:	Darstellung von G,S und N als Strings mit Abtrennung des führenden Leerzeichens
290-300:	Berechnung des Anfangswertes A und Endwertes E; innerhalb dieser Grenzen kann die hypergeometrische Verteilung nur Wahrscheinlichkeiten größer Null annehmen
310:	In den Variablen GN, WK und SK werden die Werte für $\binom{G}{N}$, $\binom{G-S}{N-K}$ und $\binom{S}{K}$ abgespeichert
320:	Berechnung von $\binom{G}{N}$
330-340:	In den Unterprogrammen werden die Wahrscheinlichkeiten der hypergeometrischen Verteilung mit Hilfe einer Rekursionsformel berechnet (vgl. etwa Zeilen 530, 570); dafür benötigt man die Anfangswerte von WK bzw. SK.
350:	Sprung ins gewählte Unterprogramm
360:	Zurück ins Menü
370-620:	Unterprogramm Histogramm
380-460:	Graphikmodus; Koordinatenachsen mit Beschriftung
470:	H(G, S, N; K) mit aktuellen Parametern
480-490:	Titelzeile auf Graphikbildschirm
500:	Ist A > 28, kann nicht einmal ein Teil des Histogramms dargestellt werden; in Abhängigkeit von V$ erscheint Haken am rechten oberen Bildschirmrand (vgl. Zeile 590)
510:	Der größtmögliche Wert für E ist 28
520:	Markierung für A und E
530:	Startwert für Rekursion in Zeile 570
540;580:	For-Next-Schleife K
550:	In ZH Berechnung der einzelnen Blocklängen des Histogramms; 1 Längeneinheit entspricht 300 Bildschirmpunkten; paßt ein Block nicht ganz auf den Bildschirm, wird V$ = "1" gesetzt
560:	Zeichnen des Histogrammblocks
570:	Rekursionsformel für hypergeometrische Verteilung

590: Durch Haken Hinweis auf nicht vollständige Darstellung; Löschen von V$ vor nächstem Unterprogrammaufruf

600-610: Nach Tastendruck zurück in Textmodus

620: Unterprogrammende.

Programmbeschreibung (Tabelle)

Die Schulbücher enthalten keine Tabellen der hypergeometrischen Verteilung, sicher auch deshalb nicht, weil wegen der größeren Anzahl eingehender Parameter eine systematische Tabellierung schwierig ist. Das Programm gestattet nun eine solche tabellarische Auflistung.

Wie beim Programm Histogramm muß man zu Beginn die Eingaben für G, S und N vornehmen, und zu große Zahlen führen auch hier zu einem Programmabbruch durch "Overflow error". Die abschnittsweise Ausgabe der Tabelle erfolgt genau wie bei der Binomialverteilung, allerdings nur für Werte von K im Intervall [A,E], da die Wahrscheinlichkeiten H(G, S, N; K) für $0 \leq K < A$ Null sind.

Über der Tabelle stehen die aktuellen Parameter G, S und N.

Wünscht man für die Wahrscheinlichkeiten eine andere Anzahl von Nachkommastellen, sind nur geringfügige Änderungen im Programm nötig, ähnlich wie sie bei der Binomialverteilung (Tabelle) beschrieben sind.

Ist die Anzahl der gezogenen Kugeln N in bezug auf die Gesamtzahl der Kugeln G sehr klein, spielt es keine große Rolle, ob die Kugeln jeweils nach der Ziehung wieder zurückgelegt werden oder nicht. Deshalb unterscheidet sich in diesem Fall die hypergeometrische Verteilung H(G, S, N; K) nur unwesentlich von der Binomialverteilung B(N, P; K) (mit $P = \frac{S}{G}$), was durch Vergleich der entsprechenden Tabellen deutlich wird. Ein solcher Vergleich wird natürlich erleichtert, wenn man über einen Drucker verfügt und die Tabellen ausdrucken lassen kann. Dazu muß lediglich ein kurzer Befehl in die Programme eingefügt werden. Wie das zu geschehen hat, wird in der Einleitung erläutert.

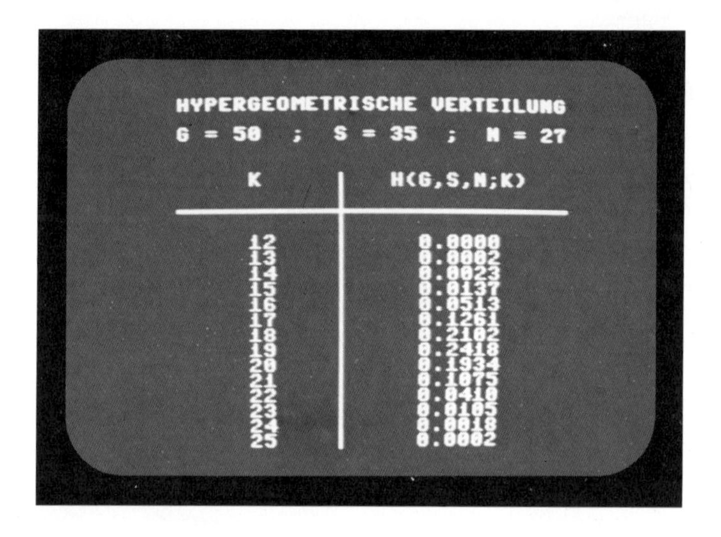

HYPERGEOMETRISCHE VERTEILUNG

G = 50 ; S = 35 ; N = 27

K	H(G,S,N;K)
12	0.0000
13	0.0002
14	0.0023
15	0.0137
16	0.0513
17	0.1261
18	0.2102
19	0.2418
20	0.1934
21	0.1075
22	0.0410
23	0.0105
24	0.0018
25	0.0002

```
630 REM ***** TABELLE *****
640 PRINT"▚███████HYPERGEOMETRISCHE VERTEILUNG"
650 PRINT"███████G = "G$"  ;  S = "S$"  ;  N = "N$
660 PRINT"██"TAB(11)"K"TAB(17)"|"TAB(21)"H(G,S,N;K)": PRINT TAB(17)"|"
670 PRINT TAB(6)"──────────┼────────────────": PRINT TAB(17)"|"
680 Z=SK*WK/GN
690 FOR K=A TO E
700 ZR=INT(10000*Z+.5)/10000+1: ZR$=STR$(ZR)
710 IF ZR=2 THEN ZR$=INST("1",ZR$,1) :ELSE: ZR$=INST("0",ZR$,1)
720 IF LEN(ZR$)<7 THEN ZR$=ZR$+RIGHT$(".0000",7-LEN(ZR$))
730 PRINT TAB(10)K TAB(17)"|" TAB(22)ZR$
740 Z=Z*(S-K)*(N-K)/((K+1)*(G-S-N+K+1))
750 IF (K-A+1)/14<>INT((K-A+1)/14) THEN NEXT K
760 WAIT 203,63
770 IF K=E+1 THEN RETURN
780 FOR I=1 TO 14: PRINT AT(6,9+I)"                              ": NEXT I
790 PRINT AT(0,9)""
800 NEXT K
810 RETURN
```

Programmaufbau

Zeilen

630-810:	Unterprogramm Tabelle
640:	Löschen des Bildschirms; Zeilenvorschub; Überschrift
650:	Aktuelle Parameter
660-670:	Tabellenkopf
680:	Anfangswert für Rekursionsformel
690;800:	For-Next-Schleife K
700-730:	Ausfüllen der Tabelle; Wahrscheinlichkeiten stehen in ZR$ auf 4 Nachkommastellen gerundet; mit Vorkommanull; keine Exponentialschreibweise; evtl. Anhängen von Nullen
740:	Rekursionsformel
750-760:	Nach 14 Eintragungen je Tabellenabschnitt Warten auf Tastendruck
770:	Nach Anzeige der vollständigen Tabelle zurück ins Menü
780-790:	Löschen des alten Abschnitts; Cursor an Tabellenanfang
810:	Unterprogrammende.

Programmbeschreibung (Verteilungsfunktion)

Die Eingaben für G, S und N erfolgen wie beim Histogramm. Für das Koordinatensystem ist aber ein anderer Maßstab gewählt worden: 1 Längeneinheit auf der senkrechten Achse entspricht 125 Bildschirmpunkten. Die Werte für G, S und N werden auf dem Graphikbildschirm angezeigt. Ein Haken in der rechten oberen Ecke bedeutet, daß E > 28 ist.

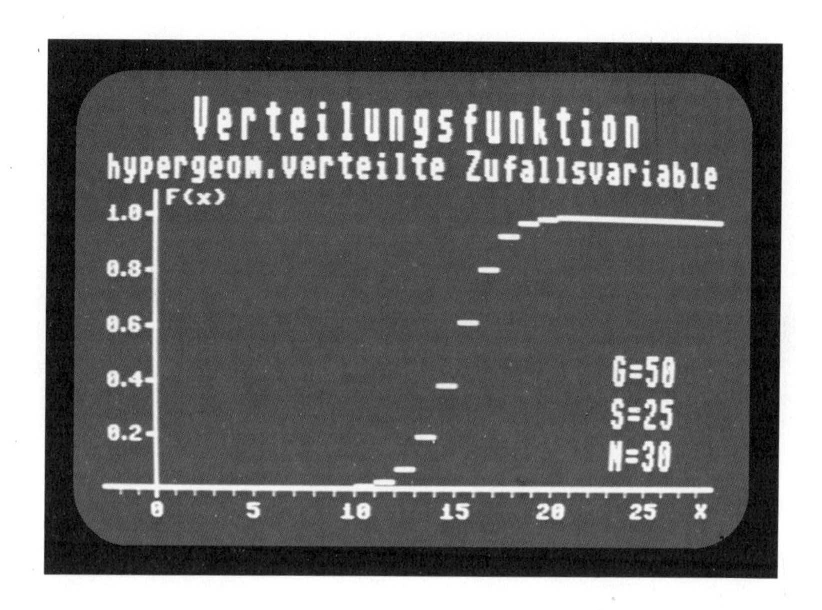

```
820 REM ***** VERTEILUNGSFUNKTION *****
830 HIRES 0,7
840 BLOCK 0,182,320,183,1: BLOCK 29,47,30,187,1
850 FOR I=0 TO 30: LINE 10+I*10,182,10+I*10,186,1: NEXT I
860 FOR I=1 TO 5: BLOCK 25,182-I*25,30,183-I*25,1: NEXT I
870 TEXT 26,190,"0",1,1,8: TEXT 76,190,"5",1,1,8
880 FOR I=10 TO 25 STEP 5: TEXT 15+I*10,190,STR$(I),1,1,8: NEXT I
890 TEXT 310,190,"X",1,1,8
900 FOR I=1 TO 4: Z$=STR$(2*I): Z$=RIGHT$(Z$,1): Z$="0."+Z$
910 TEXT 3,179-I*25,Z$,1,1,6: NEXT I
920 TEXT 3,54,"1.0",1,1,6
930 TEXT 35,47,"F("+"█X)",1,1,8
940 TEXT 49,3,"V"+"█ERTEILUNGSFUNKTION",1,3,12
950 TEXT 3,28,"█HYPERGEOM.VERTEILTE "+"Z"+"█UFALLSVARIABLE",1,2,9
960 IF A>28 THEN V$="1": GOTO 1060
970 IF E>28 THEN E=28: V$="1"
980 Z=SK*WK/GN: ZS=Z
990 FOR K=A TO E: ZH=INT(125*ZS+.5)
1000 BLOCK 30+K*10,182-ZH,39+K*10,182-ZH+1,1
1010 Z=Z*(S-K)*(N-K)/((K+1)*(G-S-N+K+1)): ZS=ZS+Z
1020 NEXT K
1030 IF E<28 THEN BLOCK 40+E*10,57,320,58,1
1040 TEXT 260,120,"G="+G$,1,2,9: TEXT 260,140,"S="+S$,1,2,9
1050 TEXT 260,160,"N="+N$,1,2,9
1060 IF V$="1" THEN TEXT 300,5,"Γ",1,2,8: V$=""
1070 WAIT 203,63
1080 CSET 0
1090 RETURN
```

Programmaufbau

Zeilen

820-1090:	Unterprogramm Verteilungsfunktion
830:	Graphikmodus
840- 930:	Koordinatensystem mit Beschriftung
940- 950:	Überschrift Graphikbildschirm
960:	Falls A > 28 erscheint Funktionsgraph nicht auf dem Bildschirm
970:	Für E ist 28 größtmöglicher Wert
980:	Aufsummierung der Wahrscheinlichkeiten in ZS
990-1020:	Schrittweises Zeichnen des Graphen (Zeile 1000) mit Hilfe der Rekursionsformel (Zeile 1010)
1030:	Wenn E < 28 Vervollständigung des Graphen bis zum rechten Bildschirmrand
1040-1050:	Anzeige von G, S und N auf dem Bildschirm
1060:	Zeichnen des Hakens hängt ab von V$
1070-1080:	Nach Tastendruck Wechsel in Textmodus
1090:	Unterprogrammende.

Programmbeschreibung (Berechnung)

Das Programm berechnet die Wahrscheinlichkeit dafür, daß bei N gezogenen Kugeln die Anzahl der schwarzen Kugeln K im Intervall [U , O] liegt. Dementsprechend sind zusätzlich zu G, S und N eine untere Grenze U ("schwarze Kugeln mindestens") und eine obere Grenze O ("schwarze Kugeln höchstens") festzulegen. Dabei ist U = O erlaubt; dann erhält man die Wahrscheinlichkeit, daß genau U Kugeln schwarz sind. Nach kurzer Zeit wird das Ergebnis in einem Antwortsatz mitgeteilt, in dem auch U und O noch einmal aufgeführt sind.
Zusammen mit dem Programm BINOMIAL BERECHNUNG kann man dieses Programm auch dazu benutzen, um das Annäherungsverhalten der hypergeometrischen Verteilung an die Binomialverteilung zu untersuchen (vgl. Bemerkung in Programmbeschreibung (Tabelle)) . Z.B. wird für G = 750, S = 300, N = 10, U = 3, O = 7 der Wert 0,8226 angegeben, während BINOMIAL BERECHNUNG für N = 10, $P = \frac{300}{750} = 0{,}4$, U = 3, O = 7 die Wahrscheinlichkeit 0,8204 liefert.
Wie bei den vorherigen Unterprogrammen der hypergeometrischen Verteilung ziehen zu große Parameterwerte Programmabbruch durch "Overflow error" nach sich.

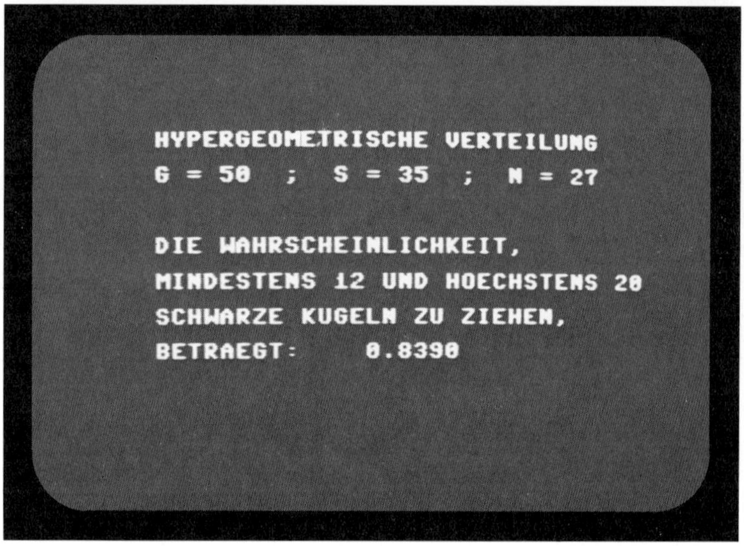

HYPERGEOMETRISCHE VERTEILUNG
G = 50 ; S = 35 ; N = 27

DIE WAHRSCHEINLICHKEIT,
MINDESTENS 12 UND HOECHSTENS 20
SCHWARZE KUGELN ZU ZIEHEN,
BETRAEGT: 0.8390

```
1100 REM ***** BERECHNUNG *****
1110 PRINT"HYPERGEOMETRISCHE VERTEILUNG"
1120 PRINT"G = "G$"  ;  S = "S$"  ;  N = "N$
1130 H=SK*WK/GN: HS=0
1140 FOR K=A TO O: IF K>=U THEN HS=HS+H
1150 H=H*(S-K)*(N-K)/((K+1)*(G-S-N+K+1)): NEXT K
1160 HS=INT(10000*HS+.5)/10000+1: HS$=STR$(HS)
1170 IF HS=2 THEN HS$=" 1.0000" :ELSE: HS$=INST("0",HS$,1)
1180 IF LEN(HS$)<7 THEN HS$=HS$+RIGHT$(".0000",7-LEN(HS$))
1190 PRINT"DIE WAHRSCHEINLICHKEIT,"
1200 PRINT"MINDESTENS"U"UND HOECHSTENS"O
1210 PRINT"SCHWARZE KUGELN ZU ZIEHEN,"
1220 PRINT"BETRAEGT:    "HS$
1230 WAIT 203,63
1240 RETURN
```

Programmaufbau

Zeilen

1100-1240:	Unterprogramm Berechnung
1110-1120:	Löschen des Bildschirms; Zeilenvorschub; Überschrift mit aktuellen Parametern G, S und N
1130:	H Anfangswert für Rekursionsformel (Zeile 1150); Aufsummierung der gesuchten Wahrscheinlichkeit in HS, anfangs wird HS = 0 gesetzt
1140-1150:	Berechnung der Wahrscheinlichkeit mit Hilfe der Rekursionsformel
1160-1180:	Wahrscheinlichkeit auf 4 Nachkommastellen gerundet; keine Exponentialschreibweise; mit Vorkommanull; evtl. Anhängen von Nullen
1190-1220:	Antwortsatz mit Parameter U und O und dem Ergebnis in HS$
1230-1240:	Nach Tastendruck Unterprogrammende; zurück ins Menü.

Programm 13: POISSON-NÄHERUNG FÜR DIE BINOMIALVERTEILUNG

Es gibt zwar Faustregeln dafür, wann man die Wahrscheinlichkeiten der Binomialverteilung durch die Näherungsformel von Poisson abschätzen darf, sie vermitteln aber ebenso wie der Beweis keine Vorstellung davon, wie sich dieser Näherungsprozeß qualitativ vollzieht. Ist der Abstand der beiden Verteilungen B(n,p ; k) und P(a ; k), a = n • p, in einem größeren Intervall ziemlich gleichmäßig, oder gibt es nur in einem kleinen Bereich "Abweichungsspitzen"? Mit welchen Approximationsfehlern muß man auch dann rechnen, wenn die Bedingungen der Faustregeln erfüllt sind? Wie schnell ist die Konvergenz? Mit Hilfe des Programms POISSON-NÄHERUNG lassen sich solche und ähnliche Fragen beantworten. Dazu stehen die Unterprogramme Grafik und Tabelle zur Verfügung.

Programmbeschreibung (Grafik)

Mit "1" wählt man die Grafik. Nach Festlegung der Parameter n und p für die Binomialverteilung wird der zugehörige Graph in weißer Farbe in ein Koordinatensystem gezeichnet. Auf dem Grafikbildschirm werden ebenfalls in weiß die aktuellen n und p angezeigt. Aus diesen berechnet sich der Parameter a = n • p der Poissonverteilung, deren Graph im gleichen Koordinatensystem in schwarz dargestellt wird. An der Abweichung der beiden Graphen voneinander läßt sich nun unmittelbar die Güte der Näherung beurteilen. Bei geeigneter Wahl von n und p (etwa n = 1000, p = 0,01) überlagert der schwarze Graph vollständig den weißen.
N und p sollten systematisch variiert werden. Man stellt fest, daß die Näherung umso besser ist, je größer n und je kleiner p sind. Es bieten sich z.B. bei n = 100 nacheinander folgende Werte für p an: 0,5; 0,4; 0,3; 0,2; 0,1; 0,05 bzw., wenn p = 0,1 ist, für n: 30; 40; 50; 100; 200; 300; 400; 500.
Nach Fertigstellung der Grafik führt ein Tastendruck ins Menü zurück.
Sollte das Programm Berechnungen wegen zu großer Werte von n nicht durchführen können (z.B. für n = 500, p = 0,2), erscheint für 5 Sekunden ein entsprechender Hinweis auf dem Bildschirm, danach startet das Programm neu. Das gilt in gleicher Weise für das Unterprogramm Tabelle.

```
10 REM *******************************************
20 REM POISSON-NAEHERUNG FUER DIE BINOMIALVERTEILUNG
30 REM - ALBRECHT 1984 -
40 REM *******************************************
50 POKE53280,14: POKE53281,15: PRINT""
60 PRINT""TAB(9)"╭────────────────────╮": PRINT TAB(9)"|"TAB(30)"|"
70 PRINT TAB(9)"|  POISSONNAEHERUNG  |": PRINT TAB(9)"|"TAB(30)"|"
80 PRINT TAB(9)"|      FUER DIE      |": PRINT TAB(9)"|"TAB(30)"|"
90 PRINT TAB(9)"| BINOMIALVERTEILUNG |": PRINT TAB(9)"|"TAB(30)"|"
100 PRINT TAB(9)"╰────────────────────╯"
110 PRINT"1. GRAFIK"
120 PRINT"2. TABELLE"
130 PRINT"";:FETCH"12",1,W$: W=VAL(W$)
140 FOR I=1 TO 3: PRINT AT(3,13+2*I)"                                        ": NEXTI
150 INPUT"ANZAHL DER VERSUCHE N";N
160 INPUT"WAHRSCHEINLICHKEIT P";P
170 IF N<1 OR INT(N)<>N OR P<0 OR P>1 THEN RUN
180 Q=1-P: B=Q↑N: A=N*P: E=EXP(-A): PO=E
190 IF B=0 THEN PRINT"DAS PROGRAMM KANN KEINE"
200 IF B=0 THEN PRINT"KORREKTEN ERGEBNISSE LIEFERN!": PAUSE 5: RUN
210 N$=STR$(N): N$=RIGHT$(N$,LEN(N$)-1)
220 P$=STR$(P+1): P$=RIGHT$(P$,LEN(P$)-2): P$="0"+P$
230 IF A<1 THEN A$=STR$(A+1): A$=RIGHT$(A$,LEN(A$)-2): A$="0"+A$
240 IF A>=1 THEN A$=STR$(A): A$=RIGHT$(A$,LEN(A$)-1)
250 ON W GOSUB 270,540
260 GOTO 60
270 REM **** GRAFIK ****
280 HIRES 6,15: MULTI 0,1,6
290 LINE 15,190,15,0,3: LINE 10,180,160,180,3
300 LINE 13,120,14,120,3: LINE 13,60,14,60,3
310 TEXT 0,117,".1",3,1,5: TEXT 0,57,".2",3,1,5
320 LINE 65,180,65,184,3: LINE 115,180,115,184,3
330 TEXT 58,188,"25",3,1,7: TEXT 108,188,"50",3,1,7: TEXT 152,188,"K",3,1,7
340 TEXT 18,4,"B"+"(N,P;K)",2,1,6
350 TEXT 100,20,"N="+N$,2,2,8
360 TEXT 100,40,"P="+P$,2,2,8
370 IF 72<N THEN K=72 :ELSE: K=N
380 Y1=180-B*600
390 FOR I=1 TO K
400 B=B*P*(N-I+1)/(Q*I): Y2=180-600*B
410 IF Y1<0 OR Y2<0 THEN 430
420 LINE 15+2*(I-1),Y1,15+2*I,Y2,2
430 Y1=Y2: NEXT I
440 TEXT 18,15,"P"+"(A;K)",1,1,6
450 TEXT 100,60,"A="+A$,1,2,8
460 Y1=180-PO*600
470 FOR I=1 TO 72: PO=A*PO/I: Y2=180-600*PO
480 IF Y1<0  OR Y2<0  THEN 500
490 LINE 15+2*(I-1),Y1,15+2*I,Y2,1
500 Y1=Y2: NEXT I
510 WAIT 203,63
520 CSET0
530 RETURN
```

Programmaufbau

Zeilen

50:	Bildschirmfarben im Textmodus
60-100:	Eingerahmte Überschrift
110-130:	Menü
140-170:	Eingaben; evtl. Neustart
180:	B = Q↑N bzw. PO = E sind Anfangswerte für Rekursionsformeln der Binomial- bzw. Poissonverteilung
190-200:	Falls B = 0 keine Vertauschung von P und Q wie beim Programm BINOMIAL; P ist hier sinnvollerweise klein, so daß nach evtl. Vertauschung B erst recht Null wäre
210-240:	Darstellung der Parameter N, P, A als Strings
250:	Sprung ins gewählte Unterprogramm
260:	Zurück ins Menü
270-530:	Unterprogramm Grafik
280:	Multi-Colour-Grafik
290-330:	Koordinatensystem (blau) mit Beschriftung
340-360:	Schriftzug B(n,p; k) und aktuelle Parameter n und p in weiß
370:	Im Grafikprogramm ist 72 maximaler Wert für k
380:	Anfangsbildschirmordinate für Binomialverteilung
390-430:	Zeichnen des Graphen der Binomialverteilung (weiß) mit Hilfe der Rekursionsformel (Zeile 400); vertikale Achse: 1 LE ≙ 600 Bildschirmpunkten, horizontale Achse: 1 LE ≙ 2 (Multi-Colour-Grafik) Punkten; um einen Programmabbruch zu verhindern, keine Verbindung der Punkte des Graphen, falls Y1 oder Y2 kleiner als 0 sind
440-450:	Schriftzug P(a; k) und aktueller Parameter a in schwarz
460:	Anfangsbildschirmordinate für Poissonverteilung
470-500:	Analog zu Zeilen 390-430 Zeichnen des Graphen der Poissonverteilung in schwarz mit Hilfe der Rekursionsformel in Zeile 470
510-530:	Nach Tastendruck in Textmodus; Unterprogrammende.

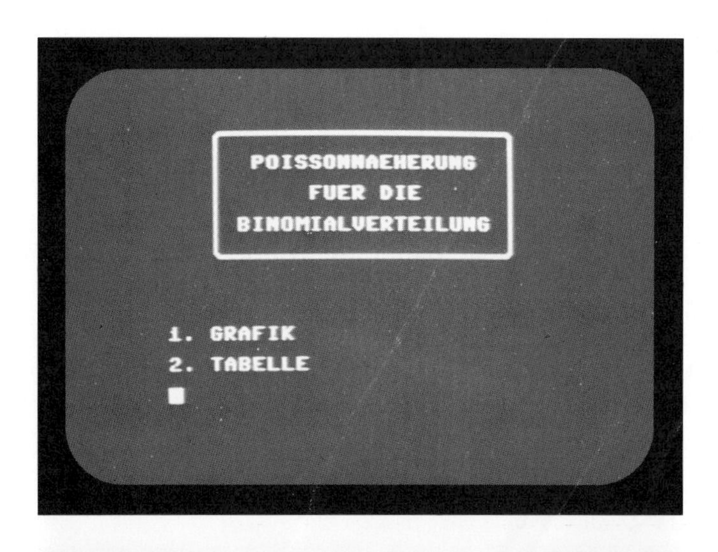
POISSONNAEHERUNG
FUER DIE
BINOMIALVERTEILUNG
1. GRAFIK
2. TABELLE

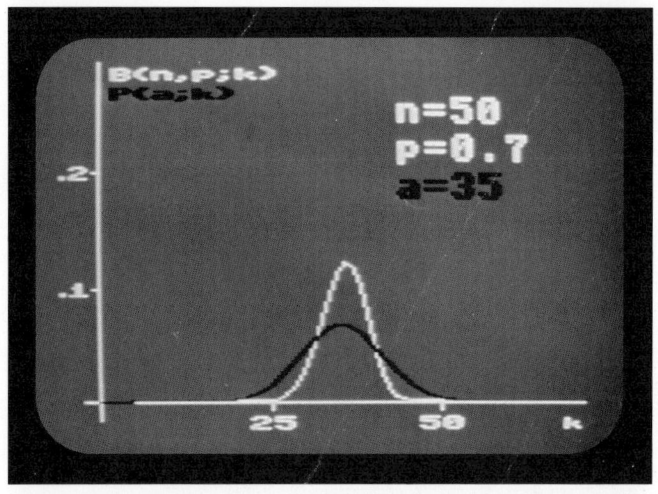
B(n,p;k)
P(a;k)
n=50
p=0.7
a=35
.2
.1
25
50
k

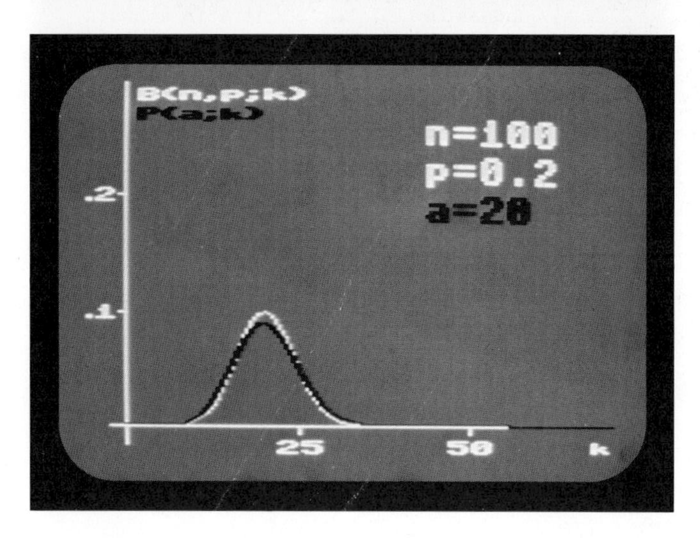
B(n,p;k)
P(a;k)
n=100
p=0.2
a=20
.2
.1
25
50
k

Programmbeschreibung (Tabelle)

Durch Eingabe von "2" (mit anschließendem RETURN) gelangt man ins Unterprogramm Tabelle, wo zuerst wieder n und p gewählt werden müssen.
Dem optischen Vergleich der Graphen der beiden Verteilungen sind durch das Auflösungsvermögen des Bildschirms Grenzen gezogen. Jetzt ist es möglich, die Abweichungen der beiden Verteilungen voneinander genauer numerisch zu bestimmen. Dazu werden in einer Tabelle B(n,p ; k), P(a ; k) und die Differenz B(n,p ; k) - P(a ; k) aufgeführt, allerdings nur für solche k, bei denen die Wahrscheinlichkeiten für mindestens eine der beiden Verteilungen ungleich Null sind (gerundet auf 4 Nachkommastellen). Die Auflistung erfolgt abschnittsweise, ein Tastendruck veranlaßt jeweils die Ausgabe der nächsten 14 Tabellenzeilen. Ist die Tabelle abgeschlossen, wird nach einem weiteren Tastendruck der maximale Absolutbetrag der Differenzen angezeigt. Er stellt ein Maß für die Qualität der Annäherung dar.
Mit einem nochmaligen Tastendruck springt man ins Menü zurück, "RUN/STOP" führt wie auch beim Unterprogramm Grafik zum Abbruch.
Zum Gegenstand der Untersuchung lassen sich nun auch die Faustregeln selbst machen. Eine besagt, daß die Näherung im Falle $0 < p \leq 0,1$ gut brauchbar ist. Ist p = 0,1 bedeutet das bei n = 50 einen maximalen Fehler von 0,0094 und bei n = 100 einen von 0,0068. Eine andere Regel fordert, daß $a = n \cdot p$ nicht zu groß, etwa ≤ 5 sein soll. Dann muß man z.B. für n = 30; p = 0,15; a = 4,5 eine Ungenauigkeit in der Größenordnung von 0,0153 einkalkulieren.

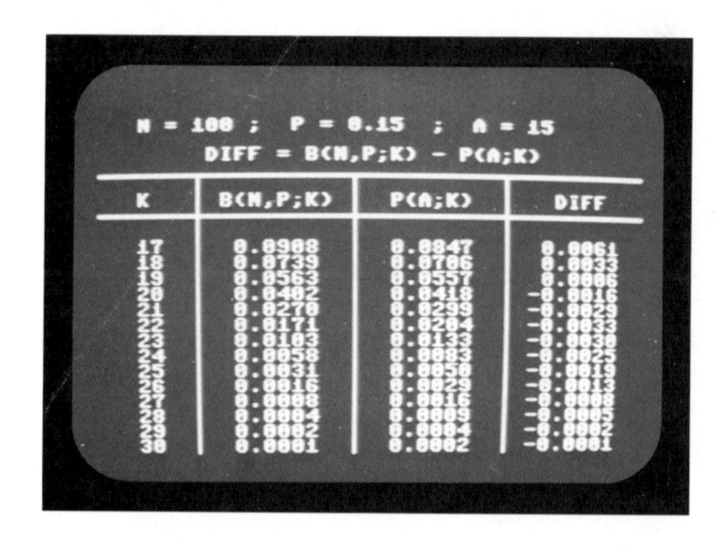

N = 100 ; P = 0.15 ; A = 15
DIFF = B(N,P;K) - P(A;K)

K	B(N,P;K)	P(A;K)	DIFF
17	0.0908	0.0847	0.0061
18	0.0739	0.0706	0.0033
19	0.0563	0.0557	0.0006
20	0.0402	0.0418	-0.0016
21	0.0270	0.0299	-0.0029
22	0.0171	0.0204	-0.0033
23	0.0103	0.0133	-0.0030
24	0.0058	0.0083	-0.0025
25	0.0031	0.0050	-0.0019
26	0.0016	0.0029	-0.0013
27	0.0008	0.0016	-0.0008
28	0.0004	0.0009	-0.0005
29	0.0002	0.0004	-0.0002
30	0.0001	0.0002	-0.0001

```
540 REM **** TABELLE ****
550 PRINT"■■■■■N = ";N$;" ;   P = ";P$;"   ;   A = ";A$
560 PRINT"■"TAB(8)"DIFF = B(N,P;K) - P(A;K)"
570 PRINT"________________________________________________"
580 PRINT"□        |            |            |"
590 PRINT TAB(3)"K"TAB(7)"| B(N,P;K)  |"TAB(21)"P(A;K)   |"TAB(33)"DIFF"
600 PRINT"────────┼────────────┼────────────┼──────────□"
610 PRINT"□        |            |            |"
620 I=1: DM=0
630 FOR K=0 TO N
640 IF K<A AND B<.00005 AND PO<.00005 THEN 830
650 IF K>A AND B<.00005 AND PO<.00005 THEN 860
660 BA=INT(B*10000+.5)/10000+1: BA$=STR$(BA): BA$=RIGHT$(BA$,LEN(BA$)-1)
670 IF BA=2 THEN BA$=INST("1",BA$,0) :ELSE: BA$=INST("0",BA$,0)
680 IF LEN(BA$)<6 THEN BA$=BA$+RIGHT$(".0000",6-LEN(BA$))
690 PRINT TAB(2)K;TAB(7)"|"TAB(10)BA$;
700 PA=INT(PO*10000+.5)/10000+1: PA$=STR$(PA): PA$=RIGHT$(PA$,LEN(PA$)-1)
710 IF PA=2 THEN PA$=INST("1",PA$,0) :ELSE: PA$=INST("0",PA$,0)
720 IF LEN(PA$)<6 THEN PA$=PA$+RIGHT$(".0000",6-LEN(PA$))
730 PRINT TAB(18)"|"TAB(21)PA$;
740 DA=BA-PA: IF DM<ABS(DA) THEN DM=ABS(DA)
750 IF DA<0 THEN DA=DA-1 :ELSE: DA=DA+1
760 DA$=STR$(DA): DA$=RIGHT$(DA$,LEN(DA$)-1): DA$=INST("0",DA$,0)
770 IF DA<0 THEN DA$="-"+DA$ :ELSE: DA$=" "+DA$
780 IF LEN(DA$)<7 THEN DA$=DA$+RIGHT$(".0000",7-LEN(DA$))
790 PRINT TAB(29)"|"TAB(31)DA$
800 I=I+1: IF I/15<>INT(I/15) THEN 830
810 WAIT 203,63
820 FOR I=1 TO 15: UPB 9,0,38,16: NEXT I: PRINT AT(1,7)""
830 B=B*P*(N-K)/(Q*(K+1))
840 PO=A*PO/(K+1)
850 NEXT K
860 WAIT 203,63
870 DM=INT(DM*10000+.5)/10000+1: DM$=STR$(DM): DM$=INST("0",DM$,1)
880 PRINT"■■■■■■"TAB(5)"DIE WAHRSCHEINLICHKEITEN■"
890 PRINT TAB(5)"P(";A$;";K) UND B(";N$;",";P$;";K)■"
900 PRINT TAB(5)"UNTERSCHEIDEN SICH MAXIMAL UM"
910 IF DM$=" 0" THEN DM$=" 0.0000"
920 PRINT"■■"TAB(11)"|DIFF|     =";DM$
930 PRINT TAB(17)"MAX"
940 WAIT 203,63
950 RETURN
```

Programmaufbau

Zeilen

540-950: Unterprogramm Tabelle

550: Aktuelle Parameter N, P und A

560: Definition von DIFF

570-610: Tabellenkopf

620: I zählt Anzahl der Tabellenzeilen; DM enthält zum Schluß den Absolutbetrag der maximalen Differenz B(n,p; k) - P(a; k)

630;850: For-Next-Schleife K

640: Falls K kleiner ist als der Erwartungswert (von Binomial- und Poissonverteilung) und B und PO auf 4 Nachkommastellen gerundet gleich 0.0000 sind, erfolgt kein Tabelleneintrag, sondern Berechnung des nächsten Wertes von B bzw. PO

650: Keine weiteren Eintragungen in die Tabelle, da nachfolgende Werte von B bzw. PO (gerundet auf 4 Nachkommastellen) Null sind

660-680: In der Rekursionsformel (Zeile 850) wird der genaue Wert von B benutzt, deshalb Einführung der Variablen BA; in BA$ steht der in üblicher Weise formatierte Wert von B

690: Anzeige von K in der 1. und BA$ in der 2. Tabellenspalte

700-720: PA$ enthält analog zu den Zeilen 660-680 den Wert von PO

730: Ausgabe von PA$ in 3. Tabellenspalte

740: Evtl. Neufestsetzung von DM in Abhängigkeit von der Differenz DA

750-780: Formatierte Darstellung von DA in DA$ (mit Vorzeichen)

790: Ausgabe von DA$ in 4. Tabellenspalte

800: jeweils 14 Tabellenzeilen werden eingetragen

810: Warten auf Tastendruck

820: Bildschirmrollen: die 14 alten Tabellenzeilen werden gelöscht

830-840: Rekursionsformeln für Binomial- bzw. Poissonverteilung

860: Nach letztem Tabelleneintrag Warten auf Tastendruck

870-930: Löschen des Bildschirms und Angabe der maximalen absoluten Differenz von P(a; k) und B(n,p; k) in DM$

940-950: Nach Tastendruck Unterprogrammende.

Programm 14: POISSON-VERTEILUNG

In der Regel lernen die Schüler die Poissonverteilung kennen, nachdem sie die endliche Binomialverteilung mit der Poissonschen Näherungsformel abgeschätzt haben. Die Poissonverteilung selbst ist eine unendliche Verteilung, meistens die erste dieser Art, die den Schülern begegnet. Aus diesem Grund mag es wünschenswert sein, die unterrichtliche Behandlung dieser Verteilung durch den Einsatz eines Programms zu unterstützen.
Der Aufbau gleicht dem der Programme 7 und 12: Ein Menü bietet wieder Histogramm, Tabelle, Verteilungsfunktion und Berechnung als Möglichkeiten an, deren Auswahl durch Eingabe einer der Zahlen 1 bis 4 und anschließendem "RETURN" erfolgt. Nach Beendigung der Unterprogramme gelangt man jeweils mit einem Tastendruck ins Menü zurück.

Programmbeschreibung (Histogramm)

Obwohl die Wahrscheinlichkeiten P(a ; k) > O sind für alle $k \in \mathbb{N}_0$, besteht das zugehörige Histogramm, bedingt durch das Auflösungsvermögen des Bildschirms, aus relativ wenigen wahrnehmbaren Histogrammblöcken.
Damit bei dem vorgegebenen Koordinatensystem die Histogramme oben nicht "abgeschnitten" werden bzw. über den rechten Bildschirmrand hinausreichen, ist der Parameter a eingeschränkt auf den Bereich $0,5 \leq a \leq 16,5$. Genügt die Eingabe für a dieser Bedingung nicht, startet das Programm von vorn, ansonsten wird das Histogramm gezeichnet. Im Schriftzug P(a ; k) wird der aktuelle Parameter a angegeben. Zur besseren optischen Vergleichbarkeit der Histogramme bleibt das Koordinatensystem bei jeder Wahl von a unverändert. Der Maßstab ist so festgelegt, daß die Ordinatenachse bei ungefähr 0,6 und nicht bei 1,0 endet, um die Histogramme höher und somit besser sichtbar zu machen.
Bei systematischer Variation des Parameters a wird folgendes deutlich erkennbar: Je kleiner a, umso mehr verlagert sich das Histogramm in die Nähe von Null, umso asymmetrischer ist die Gestalt, umso weniger Histogrammblöcke gibt es, die dafür umso höher sind; und je größer a ist, desto symmetrischer sind die Histogramme, desto flacher ist ihr Verlauf.

P(A;K) = A^K / K! . E^-A
A AUS DEM INTERVALL [0.5;16.5]
WAEHLEN!
PARAMETER A? 5

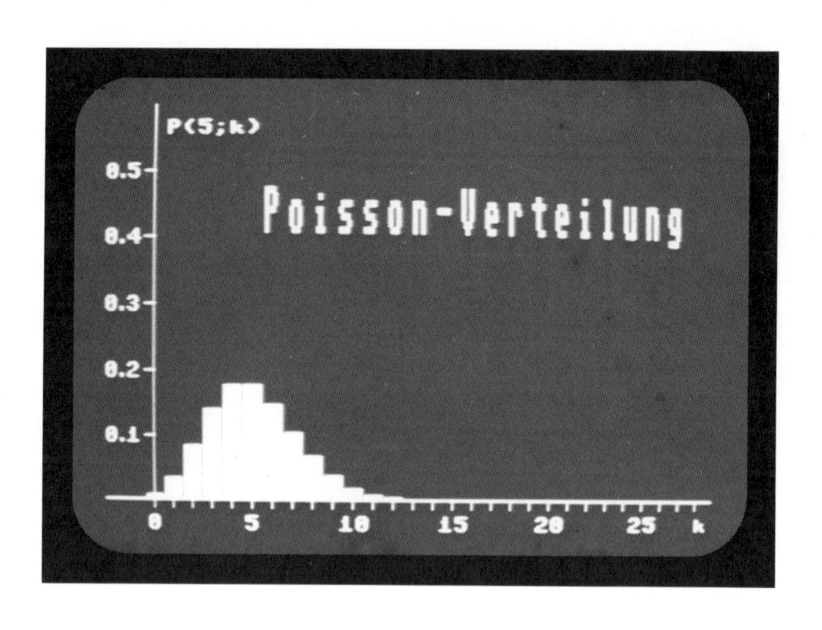
P(5;k)
0.5
0.4
0.3
0.2
0.1
Poisson-Verteilung
0
5
10
15
20
25
k

```
10 REM ******************
20 REM POISSON-VERTEILUNG
30 REM - ALBRECHT 1984 -
40 REM ******************
50 POKE 53280,14: POKE 53281,6: PRINT""
60 PRINT""TAB( 9)"┌────────────────────┐":PRINT TAB( 9)"|"TAB(30)"|"
70 PRINT TAB(9)"| POISSON-VERTEILUNG |": PRINT TAB(9)"|"TAB(30)"|"
80 PRINT TAB(9)"└────────────────────┘"
90 PRINT"1. HISTOGRAMM"
100 PRINT"2. TABELLE"
110 PRINT"3. VERTEILUNGSFUNKTION -GRAFIK-"
120 PRINT"4. BERECHNUNG VON WAHRSCHEINLICH-": PRINT""TAB(8)"KEITEN"
130 PRINT"";: FETCH"1234",1,W$: W=VAL(W$)
140 PRINT"": PRINT""TAB(21)"K": PRINT TAB(20)"A      -A"
150 PRINT TAB(11)"P(A;K) = ── . E": PRINT TAB(20)"K!"
160 ON W GOSUB 180,430,650,930
170 GOTO 60
180 REM **** HISTOGRAMM ****
190 PRINT"A AUS DEM INTERVALL [0.5;16.5]": PRINT"WAEHLEN!"
200 INPUT"PARAMETER A";A: IF A<.5 OR A>16.5 THEN RUN
210 HIRES 0,7
220 LINE 3,182,320,182,1: LINE 30,186,30,0,1
230 FOR I=1 TO 5: LINE 25,182-I*30,30,182-I*30,1: NEXT I
240 FOR I=1 TO 28: LINE 30+I*10,182,30+I*10,186,1: NEXT I
250 TEXT 26,190,"0",1,1,8: TEXT 76,190,"5",1,1,8
260 FOR I=10 TO 25 STEP 5: TEXT 15+I*10,190,STR$(I),1,1,8: NEXT I
270 TEXT 310,190,"K",1,1,8
280 FOR I=1 TO 5: Z$=STR$(I): Z$=RIGHT$(Z$,1): Z$="0."+Z$
290 TEXT 3,179-I*30,Z$,1,1,6: NEXT I
300 A$=STR$(A): A$=RIGHT$(A$,LEN(A$)-1)
310 IF A<1 THEN A$="0"+A$
320 A$="P("+A$+";": TEXT 36,8,A$+"K)",1,1,8
330 TEXT 85,40,"P"+"OISSON-"+"V"+"ERTEILUNG",1,3,12
340 E=EXP(-A): P=E
350 FOR K=0 TO 28
360 PH=INT(2*P*150+.5)
370 BLOCK 26+K*10,182-PH,34+K*10,182,1
380 P=P*A/(K+1)
390 NEXT K
400 WAIT 203,63
410 CSET0
420 RETURN
```

Programmaufbau

Zeilen

50:	Bildschirmfarben im Textmodus
60- 80:	Eingerahmte Überschrift
90-130:	Menü
140-150:	Nach Löschen des Bildschirms erscheint Formel für Poisson-Verteilung bei allen Unterprogrammen
160:	Sprung ins gewählte Unterprogramm
170:	Zurück ins Menü
180-420:	Unterprogramm Histogramm
190-200:	Eingabe; evtl. Neustart
210:	Graphikmodus
220:	Koordinatenachsen
230:	Skalierung vertikale Achse
240-270:	Skalierung horizontale Achse mit Beschriftung
280-290:	Beschriftung vertikale Achse
300-320:	P(a ; k) mit aktuellem Parameter a
330:	Überschrift Graphikbildschirm
340-390:	Berechnung der Wahrscheinlichkeiten der Poisson-Verteilung mit Hilfe der Rekursionsformel in Zeile 380, der Startwert ist P = E (Zeile 340); Bildschirmblocklänge steht in PH (Zeile 360); Zeichnen des Histogrammblocks in Zeile 370
400-420:	Nach Tastendruck zurück in Textmodus; Unterprogrammende.

Programmbeschreibung (Tabelle)

Hier wie auch im Unterprogramm Berechnung sind Werte für a größer als 88 nicht zugelassen, weil im Rahmen der Rechnergenauigkeit (beim C 64) dann $e^{-a} = 0$ ist und deshalb fälschlicherweise alle Wahrscheinlichkeiten $P(a\,;k) = 0$ angezeigt werden.
Allerdings kann man jetzt im Gegensatz zum Unterprogramm Histogramm auch den Bereich $0 < a < 0{,}5$ erfassen. Ist z.B. $a = 0{,}1$, so sind nur für $k = 0, 1, 2, 3$ die Wahrscheinlichkeiten $P(a\,;k)$ von 0,0000 verschieden (Wahrscheinlichkeiten sind auf 4 Nachkommastellen gerundet). Für solche a liegt das Maximum der Verteilung bei $k = 0$.
Die Tabelle wird abschnittsweise ausgegeben, der nächste Tabellenabschnitt jeweils nach neuem Tastendruck. Ist k größer als der Erwartungswert a der Poissonverteilung und gilt $P(a\,;k) = 0{,}0000$, so sind alle weiteren gerundeten Wahrscheinlichkeiten ebenfalls 0,0000, so daß die Tabelle beim minimalen $k > a$ mit $P(a\,;k) = 0{,}0000$ abbricht.

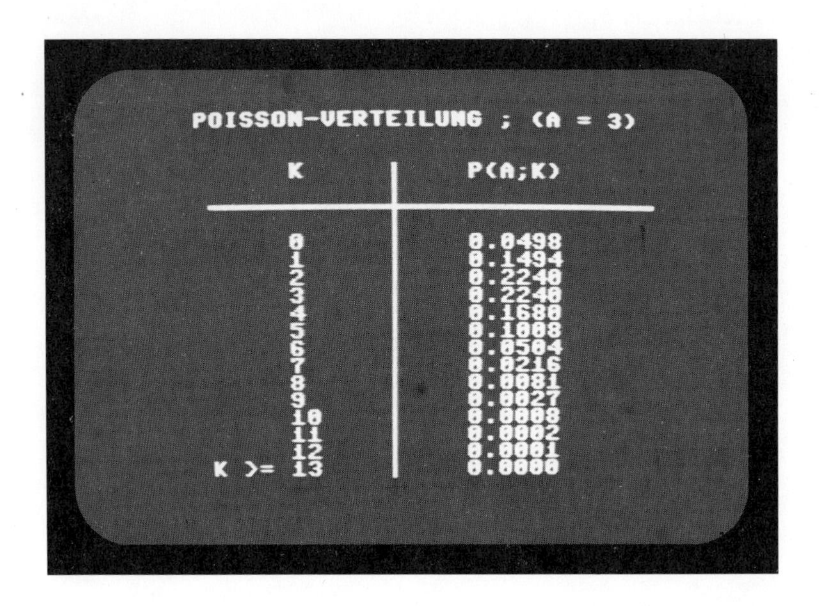
POISSON-VERTEILUNG ; (A = 3)

K	P(A;K)
0	0.0498
1	0.1494
2	0.2240
3	0.2240
4	0.1680
5	0.1008
6	0.0504
7	0.0216
8	0.0081
9	0.0027
10	0.0008
11	0.0002
12	0.0001
K >= 13	0.0000

```
430 REM **** TABELLE ****
440 PRINT"■■■■■■■■■■A AUS DEM INTERVALL (0;88]": PRINT"■■■■■■■■WAEHLEN!"
450 INPUT"■■■■■■■■■PARAMETER A";A: IF A<=0 OR A>88 THEN RUN
460 IF A<1 THEN A$=STR$(A+1): A$=INST("0",A$,1) :ELSE: A$=STR$(A)
470 PRINT"■■■"TAB(5)"POISSON-VERTEILUNG ; (A ="A$")"
480 PRINT"■■"TAB(11)"K"TAB(17)"|"TAB(22)"P(A;K)": PRINT TAB(17)"|"
490 PRINT TAB(6)"──────────┼──────────────────": PRINT TAB(17)"|"
500 E=EXP(-A): P=E: K=0
510 PT=INT(10000*P+.5)/10000+1
520 IF K>A AND PT=1 THEN PRINT TAB(6)"K >="K TAB(17)"|"TAB(22)"0.0000":GOTO 630
530 PT$=STR$(PT): IF PT=2 THEN PT$=INST("1",PT$,1) :ELSE: PT$=INST("0",PT$,1)
540 IF LEN(PT$)<7 THEN PT$=PT$+RIGHT$(".0000",7-LEN(PT$))
550 PRINT TAB(10)K TAB(17)"|"TAB(21)PT$
560 P=P*A/(K+1): K=K+1
570 IF K/14<>INT(K/14) THEN 510
580 WAIT 203,63
590 PRINT AT(0,8)""
600 FOR I=1 TO 14: PRINT"                                        ": NEXT I
610 PRINT AT(0,8)""
620 GOTO 510
630 WAIT 203,63
640 RETURN
```

Programmaufbau

Zeilen

430-640: Unterprogramm Tabelle

440-450: Eingabe; evtl. Neustart

460: Stringdarstellung des Parameters A

470: Nach Löschen des Bildschirms erscheint Überschrift mit aktuellem Parameter

480-490: Tabellenkopf

500: P = E ist Startwert für Rekursionsformel in Zeile 560

510-540: In PT$ stehen die formatierten Werte der Wahrscheinlichkeiten: Vermeidung der Exponentialschreibweise, mit Vorkommanull, auf 4 Nachkommastellen gerundet, evtl. Anhängen von Nullen; ist P = 0 und K größer als der Erwartungswert A, dann sind alle folgenden Wahrscheinlichkeiten der Poisson-Verteilung Null (vgl. Zeile 520)

550: Eintragung von K und PT$ in die Tabelle

560: Rekursionsformel für die Berechnung der Wahrscheinlichkeiten der Poisson-Verteilung

570-620: Nach 14 Eintragungen Warten auf Tastendruck; danach Löschen des alten Tabellenabschnitts und Fortsetzung mit den nächsten Ausgaben

630-640: Wenn die Tabelle vollständig ist, bewirkt ein Tastendruck das Ende des Unterprogramms.

Programmbeschreibung (Verteilungsfunktion)

Anders als bei den früher besprochenen Verteilungen ist die Verteilungsfunktion $F(x) \neq 1$ für jedes reelle x. Dieser Sachverhalt findet natürlich auf dem Graphikbildschirm keine Entsprechung. Sobald bei wachsendem x die Werte von F(x) nahe genug bei 1 liegen, verläuft im Schaubild der Graph von F(x) parallel zur x-Achse mit dem Abstand 1. Der Graph beschreibt also die Verteilungsfunktion F(x) nur angenähert. Diesen Umstand sollte man beim Einsatz des Unterprogramms erwähnen. Eine analoge Bemerkung ist auch beim Histogramm angebracht.

Die Begrenzung $0 < a < 16,5$ stellt sicher, daß der Teil des Graphen der Verteilungsfunktion F(x), der noch nicht den Abstand 1 von der x-Achse erreicht hat, vollständig ins Koordinatensystem auf den Bildschirm gezeichnet werden kann.

Zur Charakterisierung der Graphen läßt sich feststellen: Bei kleinerem a ist der Anstieg rasch, steil und ungleichmäßig mit wenigen (erkennbaren) Sprungstellen; bei größerem a setzt der Anstieg erst später ein, die nun höhere Anzahl (erkennbarer) Sprungstellen bewirkt, daß er langsamer und "symmetrischer" erfolgt.

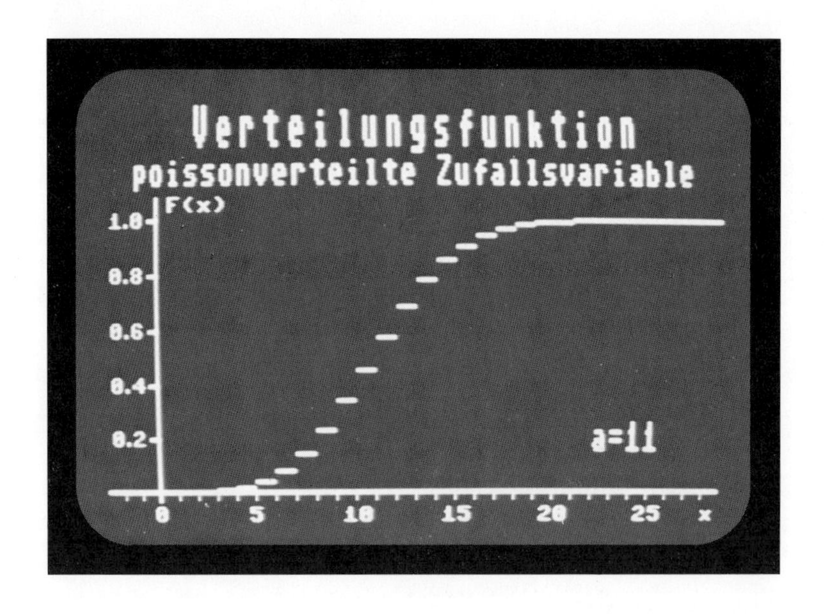

```
650 REM **** VERTEILUNGSFUNKTION ****
660 PRINT"A AUS DEM INTERVALL (0;16.5]": PRINT"WAEHLEN!"
670 INPUT"PARAMETER A";A: IF A<=0 OR A>16.5 THEN RUN
680 HIRES 6,7
690 BLOCK 0,182,320,183,1: BLOCK 29,47,30,187,1
700 FOR I=1 TO 5: BLOCK 25,182-I*25,30,183-I*25,1: NEXT I
710 FOR I=0 TO 30: LINE 10+I*10,182,10+I*10,186,1: NEXT I
720 TEXT 26,190,"0",1,1,8: TEXT 76,190,"5",1,1,8
730 FOR I=10 TO 25 STEP 5: TEXT 15+I*10,190,STR$(I),1,1,8: NEXT I
740 TEXT 310,190,"X",1,1,8
750 FOR I=1 TO 4: Z$=STR$(2*I): Z$=RIGHT$(Z$,1): Z$="0."+Z$
760 TEXT 3,179-I*25,Z$,1,1,6: NEXT I
770 TEXT 3,54,"1.0",1,1,6
780 TEXT35,47,"F"+"(X)",1,1,8
790 TEXT 49,3,"V"+"ERTEILUNGSFUNKTION",1,3,12
800 TEXT17,28,"POISSONVERTEILTE "+"Z"+"UFALLSVARIABLE",1,2,9
810 E=EXP(-A): P=E: PS=E
820 FOR K=0 TO 28
830 PV=INT(PS*125+.5)
840 BLOCK 30+K*10,182-PV,39+K*10,182-PV+1,1
850 P=P*A/(K+1) : PS=PS+P
860 NEXT K
870 IF A<1 THEN A=A+1: A$=STR$(A): A$="0"+RIGHT$(A$,LEN(A$)-2): GOTO 890
880 A$=STR$(A): A$=RIGHT$(A$,LEN(A$)-1)
890 TEXT 250,150,"A="+A$,1,2,9
900 WAIT 203,63
910 CSET0
920 RETURN
```

Programmaufbau

Zeilen

650-920: Unterprogramm Verteilungsfunktion

660-670: Eingabe; evtl. Neustart

680: Graphikmodus

690: Koordinatenachsen (dicker gezeichnet)

700: Skalierung vertikale Achse

710-740: Skalierung und Beschriftung horizontale Achse

750-780: Beschriftung vertikale Achse

790-800: Überschrift Graphikbildschirm

810-860: Wahrscheinlichkeiten werden in PS aufsummiert; PV ist die Bildschirmordinate; schrittweises Zeichnen des Graphen (dick) in Zeile 840; Rekursionsformel in Zeile 850

870-890: Stringdarstellung für Parameter A und Ausgabe auf Graphikbildschirm

900-920: Nach Tastendruck zurück in Textmodus; Unterprogrammende.

Programmbeschreibung (Berechnung)

Wegen der Gültigkeit der Poissonschen Näherungsformel könnte man die Hoffnung hegen, die Schranke, die dem Parameter n beim Programm BINOMIAL BERECHNUNG gesetzt ist, bei kleinem p noch einmal kräftig hinauszuschieben, indem man statt der Binomialverteilung die Poissonverteilung mit dem Parameter $a = n \cdot p$ verwendet. Das ist leider nur in bescheidenem Maße möglich. Bei der Wahl von n = 1000 z.B. arbeitet das Programm BINOMIAL BERECHNUNG dann korrekt, wenn $p \leq 0{,}084$ bleibt, d.h. $n \cdot p = 84$. Das Programm POISSON BERECHNUNG ist aber auch schon überfordert, wenn $n \cdot p = a > 88$ ist.
Im Zusammenhang mit der Poisson-Näherung liegt die Bedeutung und Einsatzmöglichkeit des Programms POISSON BERECHNUNG auf einem anderen Gebiet. Wahrscheinlichkeiten können mit Hilfe dieses Unterprogramms angenähert berechnet werden, wenn es gerechtfertigt erscheint, Problemen ein "Binomialschema" zu unterlegen, wobei p als klein angenommen werden kann, n und p nicht bekannt sind, dafür aber der Erwartungswert $n \cdot p$. Bei solchen Gegebenheiten geht man von der Poissonverteilung mit dem Parameter $a = n \cdot p$ aus. Hierzu finden sich in den Schulbüchern eine Reihe von Beispielen.
Zur Handhabung des Unterprogramms sei noch gesagt: Wenn X eine poissonverteilte Zufallsvariable bezeichnet, sind unter 1 , 2 und 3 die Berechnung der folgenden Wahrscheinlichkeiten zur Auswahl gestellt: $P(X \geq k)$, $P(X \leq l)$ und $P(k \leq X \leq l)$. Hat man sich durch Eintippen einer der drei Zahlen entschieden, müssen zuerst der Parameter a und danach k und (oder) l festgelegt werden. Daraufhin wird die gesuchte Wahrscheinlichkeit angezeigt.

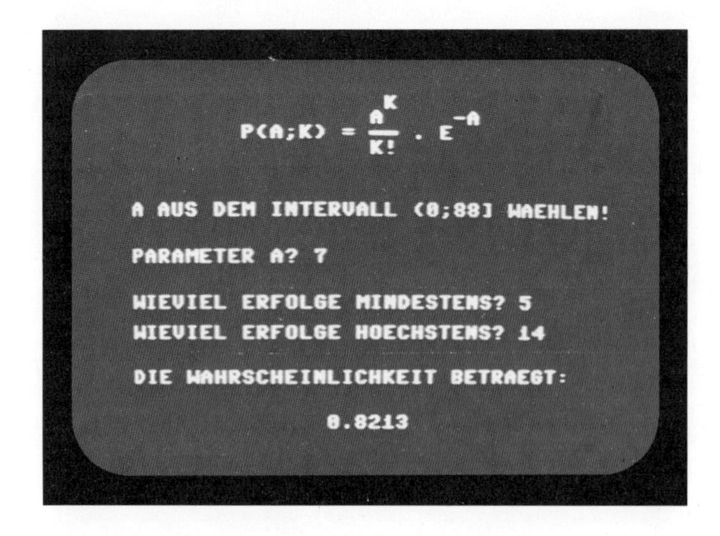

```
930 REM **** BERECHNUNG ****
940 PRINT"████BERECHNUNG DER WAHRSCHEINLICHKEIT FUER"
950 PRINT"███1. MINDESTENS K ERFOLGE"
960 PRINT"███2. HOECHSTENS L ERFOLGE"
970 PRINT"███3. MINDESTENS K HOECHSTENS L ERFOLGE"
980 PRINT"███";: FETCH"123",1,W$: W=VAL(W$)
990 PRINT AT(0,7)""
1000 FOR I=1 TO 5: PRINT"██                                                      ": NEXT I
1010 PRINT AT(0,8)""
1020 PRINT"███A AUS DEM INTERVALL (0;88] WAEHLEN!"
1030 INPUT"████PARAMETER A";A: PRINT"█": IF A<=0 OR A>88 THEN RUN
1040 E=EXP(-A): P=E: S=0: G=0: K=0: L=0
1050 IF W=1 OR W=3 THEN INPUT"███WIEVIEL  ERFOLGE MINDESTENS";K
1060 IF W=3 THEN PRINT
1070 IF W=2 OR W=3 THEN INPUT"███WIEVIEL  ERFOLGE HOECHSTENS";L
1080 IF K<>INT(K) OR L<>INT(L) OR K<0 OR L<0 THEN RUN
1090 IF W=3 AND K>L THEN RUN
1100 IF W=1 AND K=0 THEN 1170
1110 IF W=1 THEN L=K-1
1120 IF W=3 THEN G=K
1130 FOR J=0 TO L
1140 IF J>=G THEN S=S+P
1150 P=P*A/(J+1)
1160 NEXT J
1170 IF W=1 THEN S=1-S
1180 PRINT"████DIE WAHRSCHEINLICHKEIT BETRAEGT:"
1190 S=INT(S*10000+.5)/10000+1: S$=STR$(S)
1200 IF S=2 THEN S$=" 1.0000" :ELSE: S$=INST("0",S$,1)
1210 IF LEN(S$)<7 THEN S$=S$+RIGHT$(".0000",7-LEN(S$))
1220 PRINT"██"TAB(16)S$
1230 WAIT 203,63
1240 RETURN
```

Programmaufbau

Zeilen

930-1240:	Unterprogramm Berechnung
940- 980:	Wahlmöglichkeiten
990-1010:	Löschen des Bildschirms unterhalb der Formel
1020-1030:	Eingabe Parameter A; evtl. Neustart
1040:	P = E ist Anfangswert für Rekursionsformel in Zeile 1150; in S Aufsummierung der Wahrscheinlichkeiten P(a ; i), falls i aus dem Intervall [G , L] ist
1050-1070:	Eingaben der Parameter K und (oder) L
1080-1090:	Unsinnige Eingaben veranlassen einen Neustart
1100:	In diesem Fall ist gesuchte Wahrscheinlichkeit gleich 1
1110;1170:	Berechnung der Wahrscheinlichkeit für das Komplementärereignis, falls W = 1 ist
1120:	Bei Wahl W = 3 Festlegung der unteren Intervallgrenze G
1130-1160:	In allen 3 Fällen erfolgt Berechnung mit dem gleichen Algorithmus
1180-1220:	In üblicher Weise formatierte Ausgabe des Ergebnisses
1230-1240:	Nach Tastendruck Unterprogrammende.

Programm 15: MOIVRE-LAPLACE

Im Mathematikunterricht der Sekundarstufe II wird meist ein Spezialfall des zentralen Grenzwertsatzes behandelt, nämlich der Grenzwertsatz von Moivre-Laplace. Allerdings wird dieser Satz in der Regel selbst in Leistungskursen nicht bewiesen. In den Schulbüchern finden sich auch dazu keine Beweise. Man begnügt sich damit, die Aussage des Satzes durch ein Diagramm oder ähnliches zu veranschaulichen und seine Tragweite an Hand von Anwendungen zu vermitteln. In diesem Zusammenhang zeigt sich, wie auch schon bei früheren Beispielen, daß der Mikro-Computer wegen seiner Rechenkapazität und seinen graphischen Fähigkeiten ein hervorragendes Hilfsmittel ist, einen für Schüler schwierigen Sachverhalt genauer im einzelnen zu analysieren und dadurch zu einem vertieften Verständnis beizutragen, was ohne Rechner in gleicher Weise kaum erreichbar ist. So dient das Programm dazu, das Grenzverhalten der Binomialverteilung gegen die Normalverteilung zu untersuchen, und zwar unter zwei Aspekten: dem lokalen, wobei die Wahrscheinlichkeiten der Binomialverteilung durch die Dichte der Normalverteilung angenähert werden, und dem globalen (integralen), bei dem die beiden Verteilungsfunktionen miteinander verglichen werden. Dabei wird angestrebt, die Funktion von Graphik und Tabelle bei vorherigen Programmen zu kombinieren, indem nach Erstellen der Graphik der maximale numerische Abstand zwischen Binomialverteilung und Dichte der Normalverteilung bzw. zwischen den beiden Verteilungsfunktionen auf dem Graphikbildschirm angezeigt wird, so daß auf ein eigenes Tabellenunterprogramm verzichtet werden kann.
Aus dem Menü gelangt man durch Wahl von "1", "2" bzw. "3" in die nachstehend beschriebenen Unterprogramme. Nach Beendigung eines jeden Unterprogramms führt ein Tastendruck ins Menü zurück.

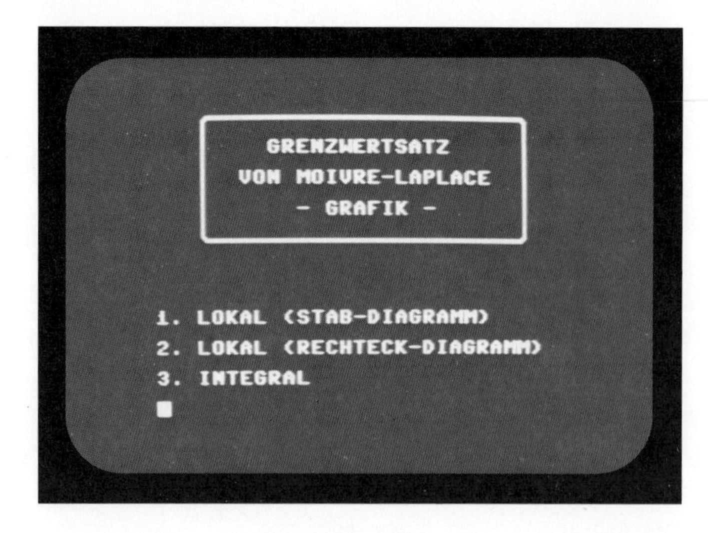

Programmbeschreibung (Stabdiagramm)

Wie bei den übrigen Unterprogrammen auch muß man zu Beginn die Parameter n und p der Binomialverteilung eingeben. Danach werden in das gleiche Koordinatensystem zuerst die Wahrscheinlichkeiten der Binomialverteilung als Stabdiagramm dargestellt und darauf die Dichte der Normalverteilung mit den Parametern $m = n \cdot p$ und $s = \sqrt{n \cdot p \cdot (1-p)}$ in weiß gezeichnet. Für beide Verteilungen sind auch die aktuellen n und p bzw. m und s in schwarz bzw. weiß auf dem Graphikbildschirm abzulesen. Bei allen Unterprogrammen kennzeichnet schwarz die Binomialverteilung und weiß die Normalverteilung, wogegen Koordinatensystem und der weitere Text blau sind. Der maximale absolute Abstand Δ (gerundet auf 3 Nachkommastellen) wird ebenfalls ausgegeben, etwa als Δ = 0,004 .
Um optische Vergleichbarkeit zu gewährleisten, bleibt das Koordinatensystem bei jeder Festlegung von n und p unverändert; die Ordinate endet ungefähr bei 0,35 . Sind die Stäbe bei kleinem n länger, bricht das Programm nicht ab, sondern die Stäbe werden oben "abgeschnitten", und die Dichte wird in dem Bereich, in dem sie aus dem Bildschirm hinausragt, nicht gezeichnet. Die Skalierung der Abszissenachse ist so gewählt, daß bei p = 0,5 das Stabdiagramm der Binomialverteilung, für die Δ = 0,000 ist, (fast) vollständig auf dem Bildschirm zu erkennen ist.
Im Vergleich zur globalen vollzieht sich die lokale Annäherung viel rascher: bereits für n = 55 ist Δ = 0,000 .
Man kann bei diesem Unterprogramm sehr deutlich beobachten, wie sich die Dichte bei wachsendem n und konstantem p bzw. bei konstantem n und gegen 0,5 tendierendem p immer besser an das Stabdiagramm anschmiegt. Es ergeben sich z.B. folgende Abstände Δ:

p = 0,3

n	10	20	50	100
Δ	0,017	0,010	0,004	0,002

p = 0,1

n	20	50	100	200	300
Δ	0,045	0,018	0,008	0,004	0,003

n = 50

p	0,1	0,2	0,3	0,4	0,5	0,6	0,7
Δ	0,018	0,007	0,004	0,002	0,001	0,002	0,004

Um sicherzustellen, daß zumindest immer etwas mehr als die linke Hälfte des Stabdiagramms zu sehen ist, erfolgt unmittelbar ein neuer Programmstart, wenn das Produkt n • p größer als 45 ist.

```
10 REM ********************************
20 REM GRENZWERTSATZ VON MOIVRE-LAPLACE
30 REM - ALBRECHT 1984 -
40 REM ********************************
50 POKE 53280,14: POKE 53281,15: PRINT"■"
60 PRINT"■■■"TAB(8)"┌──────────────────────┐": PRINT TAB(8)"|"TAB(31)"|"
70 PRINT TAB(8)"|     GRENZWERTSATZ      |": PRINT TAB(8)"|"TAB(31)"|"
80 PRINT TAB(8)"|  VON MOIVRE-LAPLACE    |": PRINT TAB(8)"|"TAB(31)"|"
90 PRINT TAB(8)"|       - GRAFIK -       |": PRINT TAB(8)"|"TAB(31)"|"
100 PRINT TAB(8)"└──────────────────────┘"
110 DIM B(161),BS(161),Y(161)
120 PRINT"■■■■■■■■■1. LOKAL (STAB-DIAGRAMM)"
130 PRINT"■■■■■■2. LOKAL (RECHTECK-DIAGRAMM)"
140 PRINT"■■■■■■3. INTEGRAL"
150 PRINT"■■■■■■";: FETCH"123",1,W$: W=VAL(W$)
160 FOR I=1 TO 4: PRINT AT(2,13+2*I)"                                        ": NEXT I
170 PRINT AT(0,14)""
180 INPUT"■■■■■ANZAHL DER VERSUCHE N";N: IF N<1 OR INT(N)<>N THEN RUN
190 INPUT"■■■■■■■WAHRSCHEINLICHKEIT P";P: IF P<=0 OR P>=1 THEN RUN
200 M=N*P: S=SQR(N*P*(1-P)): K=1/(S*SQR(2*π)): Q=1-P: B=Q↑N
210 IF W=1 AND M>45 THEN RUN
220 IF W=2 AND M>25 THEN RUN
230 V=0: IF (W=3 AND S<.5) THEN V=1
240 IF V=1 THEN PRINT"■■■■■■■■■KEIN KORREKTER ABLAUF MOEGLICH!": PAUSE 5: RUN
250 N$=STR$(N): N$=RIGHT$(N$,LEN(N$)-1)
260 P$=STR$(P+1): P$=RIGHT$(P$,LEN(P$)-2): P$="0"+P$
270 M1=INT(100*M+.5)/100: M$=STR$(M1): M$=RIGHT$(M$,LEN(M$)-1)
280 IF 0<M1 AND M1<1 THEN M$="0"+M$
290 S1=INT(100*S+.5)/100: S$=STR$(S1): S$=RIGHT$(S$,LEN(S$)-1)
300 IF 0<S1 AND S1<1 THEN S$="0"+S$
310 ON W GOSUB 360,650,870
320 PRINT AT(0,14)""
330 FOR I=1 TO 7: PRINT"                                        ": NEXT I
340 PRINT AT(0,10)""
350 GOTO 120
360 REM *** LOKALER GRENZWERTSATZ (STAB-DIAGRAMM) ***
370 HIRES 6,15: MULTI 0,1,6
380 LINE 15,180,15,0,3: BLOCK 0,180,160,181,3
390 FOR I=0 TO 53: LINE I*3,180,I*3,184,3: NEXT I
400 FOR I=0 TO 45 STEP 5: LINE 15+I*3,184,15+I*3,187,3: NEXT I
410 BLOCK 13,130,15,131,3: BLOCK 13,80,15,81,3: BLOCK 13,30,15,31,3
420 TEXT 11,190,"0",3,1,6
430 FOR I=10 TO 40 STEP 10: TEXT 1+I*3,190,STR$(I),3,1,7: NEXT I
440 TEXT 0,127,".1",3,1,5: TEXT 0,77,".2",3,1,5: TEXT 0,27,".3",3,1,5
450 TEXT 17,5,"■B"+"■("+N$+","+P$+";K)",1,1,7: TEXT 17,18,"■D"+"■ICHTE",2,1,7
460 TEXT 17,31,"■(M="+M$+";S="+S$+")",2,1,8
470 B(0)=B: F=180-B(0)*500
480 IF N>47 THEN G=48 :ELSE: G=N
490 FOR I=0 TO G: IF F<0 THEN F=0
500 LINE 15+I*3,180,15+I*3,F,1
510 B(I+1)=B(I)*P*(N-I)/(Q*(I+1)): F=180-B(I+1)*500: NEXT I
520 X=-5: H=1/3: Y(0)=K*EXP(-.5*((X-M)/S)↑2): F1=180-Y(0)*500
530 FOR I=1 TO 159: X=-5+I*H: Y(I)=K*EXP(-.5*((X-M)/S)↑2): F2=180-Y(I)*500
540 IF F1<0 OR F2<0 THEN F1=F2: NEXT I
550 LINE I-1,F1,I,F2,2: F1=F2: NEXT I
560 UM=ABS(B(0)-Y(15))
570 FOR I=1 TO G: U=ABS(B(I)-Y(15+I*3)): IF U>UM THEN UM=U
580 NEXT I
590 UM=INT(UM*1000+.5)/1000: IF UM<1 THEN UM$=STR$(UM+1) :ELSE: UM$=STR$(UM)
600 UM$=RIGHT$(UM$,LEN(UM$)-1): IF UM<1 THEN UM$=INST("0",UM$,0)
610 IF UM=0 THEN UM$="0.000"
620 TEXT 95,50,"■/\",3,2,7: TEXT 111,50,"■="+UM$,3,2,8: TEXT 95,62,"■──",3,2,7
630 WAIT 203,63: CSET 0
640 RETURN
```

Programmaufbau

Zeilen

50-100: Bildschirmfarben im Textmodus; eingerahmte Überschrift

110: Dimensionierung der Variablen

120-150: Menü

160-170: Löschen des Menüs

180-190: Eingaben; evtl. Neustart

200: Berechnung der Parameter, die in allen drei Unterprogrammen benötigt werden

210-220: Bei zu großem Erwartungswert Neustart; damit ist sichergestellt, daß auf jeden Fall mehr als die linke Hälfte des Diagramms bzw. Histogramms dargestellt wird

230-240: Berechnung der Verteilungsfunktion der Normalverteilung erfolgt mit Hilfe der Simpsonschen Integrationsformel (vgl. Zeilen 1200 - 1230), die in diesem Fall außerordentlich exakte Werte liefert, wenn die Standardabweichung nicht zu klein ist; deshalb wird Sicherheitsmarge $S \geq 0{,}5$ verlangt

250-300: Stringdarstellung der Parameter N , P , M und S

310: Sprung ins Unterprogramm

320-340: Löschen der alten Eingaben

350: Sprung ins Menü

360-640: Unterprogramm Stabdiagramm

370: Multi-Colour-Graphikmodus

380-440: Koordinatenachsen; Skalierung; Beschriftung (jeweils in blau)

450-460: Aktuelle Parameter für Binomial- und Dichte der Normalverteilung in schwarz bzw. weiß

470-510: Zeichnen des Stabdiagramms der Binomialverteilung in schwarz

520-550: Zeichnen der Dichte der Normalverteilung in weiß

560-620: Berechnung des maximalen absoluten Abstandes (gerundet auf 3 Nachkommastellen) zwischen Binomialverteilung und Dichte der Normalverteilung; Darstellung dieses Abstandes als String und Ausgabe auf dem Graphikbildschirm (in blau)

630-640: Nach Tastendruck Wechsel in Textmodus; Unterprogrammende.

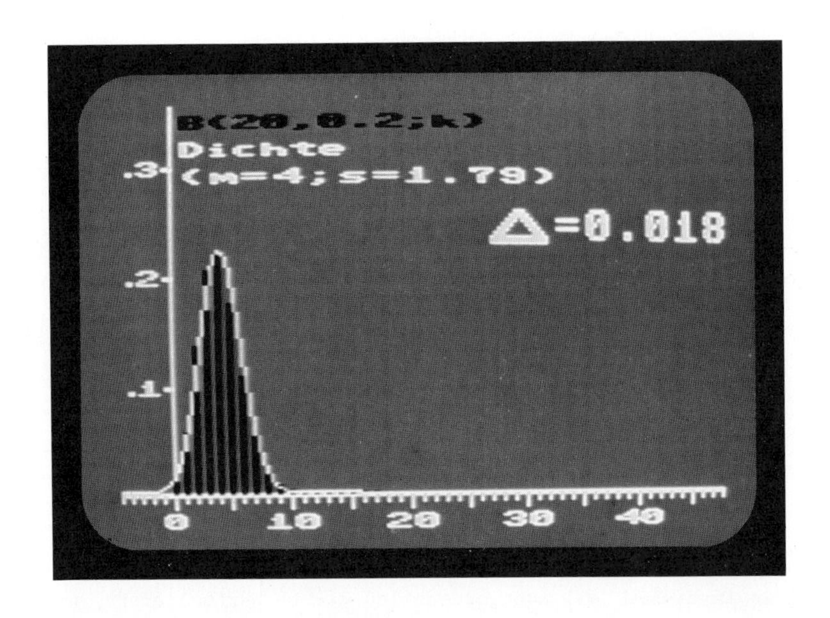
B(20,0.2;k)
Dichte
(m=4;s=1.79)
Δ=0.018
.3
.2
.1
0 10 20 30 40

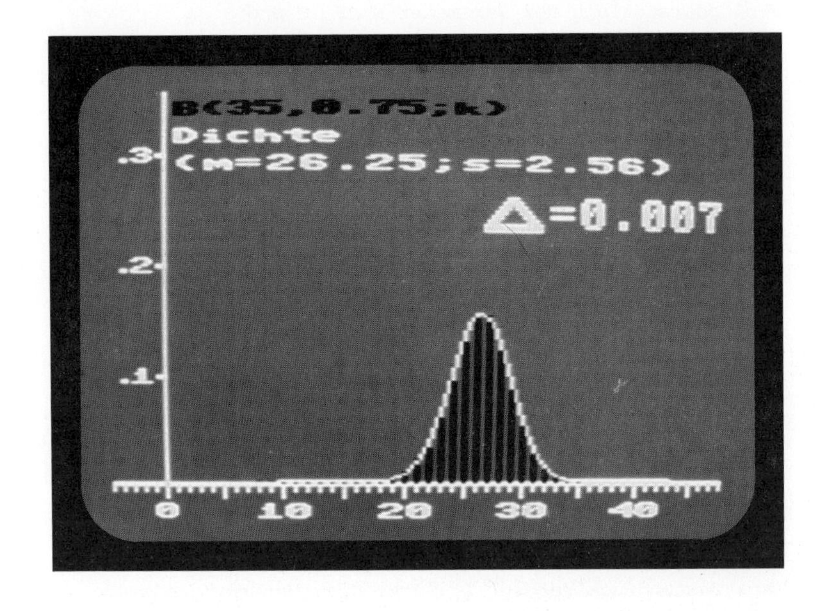
B(35,0.75;k)
Dichte
(m=26.25;s=2.56)
Δ=0.007
.3
.2
.1
0 10 20 30 40

Programmbeschreibung (Rechteckdiagramm)

Das Unterprogramm unterscheidet sich vom vorherigen in drei Punkten: es wird kein Abstand ausgegeben, die Binomialwahrscheinlichkeiten sind nicht als Stäbe, sondern als schwarze Rechtecke dargestellt, die alle gleich breit sind, und die Abszisse besitzt eine gröbere Unterteilung (hier darf das Produkt $n \cdot p$ nicht größer als 25 sein), damit die einzelnen Rechtecke breiter sind und sich damit deutlicher hervorheben. Dabei ist das zu einem k gehörende Rechteck so gezeichnet, daß die Mitte der Rechtecksbreite mit dem entsprechenden Wert von k auf der Abszisse zusammenfällt.

Im Hinblick auf das nächste Unterprogramm hat dieses vorbereitenden Charakter: es soll anschaulich demonstrieren, warum beim globalen Grenzwertsatz Integrale eine Rolle spielen.

Sei also X eine $B(n,p;k)$ - binomialverteilte Zufallsvariable und Y eine gemäß $N(n \cdot p; \sqrt{n \cdot p \cdot (1-p)})$ normalverteilte. Dann läßt sich die Wahrscheinlichkeit $P(a \leq X \leq b)$ interpretieren als die Summe der Inhalte der Rechtecke, die bei a beginnen und b enden. Approximieren kann man diesen Gesamtflächeninhalt durch den Flächeninhalt unter der weiß gezeichneten Dichte in den Grenzen a und b (ohne Stetigkeitskorrektur), die gleich der Wahrscheinlichkeit $P(a \leq Y \leq b)$ ist. Genauer wird die Abschätzung, wenn man für die Dichte die Grenzen $a - 0{,}5$ und $b + 0{,}5$ zugrunde legt (mit Stetigkeitskorrektur), weil dadurch die linke Hälfte des ersten und die rechte Hälfte des letzten Rechtecks ebenfalls berücksichtigt werden. Es ergeben sich im Vergleich zum Programm Stabdiagramm analoge Ergebnisse: Offensichtlich geschieht die Annäherung der beiden Flächeninhalte umso schneller, je größer n und je symmetrischer das Rechteckdiagramm ist, d.h. je weniger p von 0,5 abweicht.

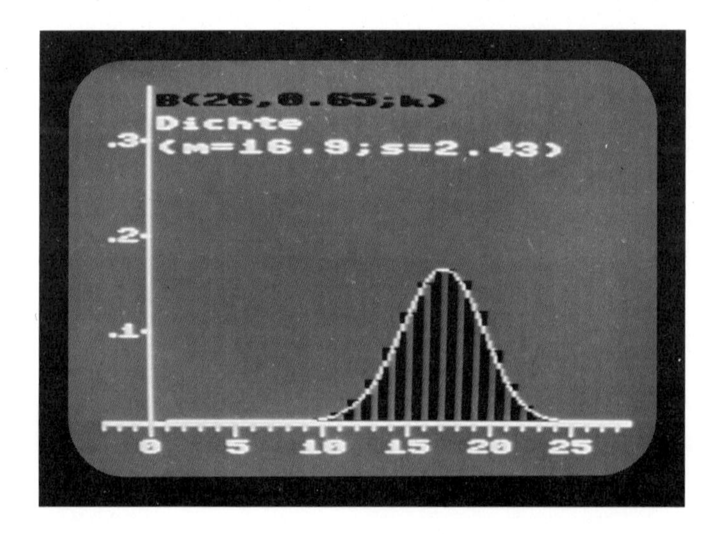

```
650 REM *** LOKALER GRENZWERTSATZ (RECHTECK-DIAGRAMM) ***
660 HIRES 6,15: MULTI 0,1,6
670 LINE 15,180,15,0,3: BLOCK 0,180,160,181,3
680 FOR I=0 TO 31: LINE I*5,180,I*5,184,3: NEXT I
690 FOR I=0 TO 25 STEP 5: LINE 15+I*5,184,15+I*5,187,3: NEXT I
700 BLOCK 13,130,15,131,3: BLOCK 13,80,15,81,3: BLOCK 13,30,15,31,3
710 TEXT 11,190,"0",3,1,6: TEXT 37,190,"5",3,1,6
720 FOR I=10 TO 25 STEP 5: TEXT 1+I*5,190,STR$(I),3,1,7: NEXT I
730 TEXT 0,127,".1",3,1,5: TEXT 0,77,".2",3,1,5: TEXT 0,27,".3",3,1,5
740 TEXT 17,5,"■B"+"■("+N$+","+P$+";K)",1,1,7: TEXT 17,18,"■D"+"■ICHTE",2,1,7
750 TEXT 17,31,"■(M="+M$+";S="+S$+")",2,1,8
760 B(0)=B: F=180-B(0)*500
770 IF N>27 THEN G=28 :ELSE: G=N
780 FOR I=0 TO G: IF F<0 THEN F=0
790 REC 13+I*5,F,4,180-F,1
800 B(I+1)=B(I)*P*(N-I)/(Q*(I+1)): F=180-B(I+1)*500: NEXT I
810 X=-3: Y(0)=K*EXP(-.5*((X-M)/S)↑2): F1=180-Y(0)*500
820 FOR I=1 TO 159: X=-3+I*.2: Y(I)=K*EXP(-.5*((X-M)/S)↑2): F2=180-Y(I)*500
830 IF F1<0 OR F2<0 THEN F1=F2: NEXT I
840 LINE I-1,F1,I,F2,2: F1=F2: NEXT I
850 WAIT 203,63: CSET 0
860 RETURN
```

Programmaufbau

Zeilen

650-860:	Unterprogramm Rechteckdiagramm
660:	Multi-Colour-Graphikmodus
670-730:	Koordinatenachsen; Skalierung; Beschriftung (jeweils in blau)
740-750:	Aktuelle Parameter für Binomial- und Dichte der Normalverteilung in schwarz bzw. weiß
760-800:	Zeichnen des Rechteckdiagramms der Binomialverteilung in schwarz
810-840:	Zeichnen der Dichte der Normalverteilung in weiß
850-860:	Nach Tastendruck Wechsel in Textmodus; Unterprogrammende.

Programmbeschreibung (integraler Grenzwertsatz)

Für Anwendungen ist die integrale Form des Grenzwertsatzes von Moivre-Laplace bedeutsamer als die lokale, denn man ist meist nicht daran interessiert, wie groß die Wahrscheinlichkeit ist, daß etwa ein Ereignis in einer Bernoulli-Kette der Länge n genau k mal eintritt, sondern man fragt nach der Intervallwahrscheinlichkeit, daß es mindestens a und höchstens b mal auftritt. Aussagen über solche Intervallwahrscheinlichkeiten und ihre Approximation macht die integrale Näherungsformel von Moivre-Laplace.

Sei X eine B(n,p ; k) - binomialverteilte Zufallsvariable und Y eine normalverteilte mit dem Erwartungswert $m = n \cdot p$ und der Standardabweichung $s = \sqrt{n \cdot p \cdot (1-p)}$. Dann gilt für große n: $F_X(b) = P(X \leq b) \approx P(Y \leq b) = F_Y(b)$, wobei $F_X(b)$ und $F_Y(b)$ die Werte der Verteilungsfunktionen von X und Y an der Stelle b sind. Um das Konvergenzverhalten beurteilen zu können, wird ein Ausschnitt der beiden Verteilungsfunktionen im Intervall $[j-60 ; j+60]$ dargestellt, $j = [m]$ (Gaußklammer). Neben den Parametern n und p bzw. m und s werden auch die Werte der Intervallgrenzen auf dem Monitor angezeigt. Das Intervall ist so bemessen, daß es bei der hier möglichen Wahl von n und p den Bereich voll einschließt, in dem die Verteilungsfunktionen von 0 und 1 verschieden sind. Zum Schluß charakterisiert die maximale absolute Differenz Δ der beiden Verteilungsfunktionen den Grad ihrer Annäherung.

Da diese integrale Annäherung erheblich langsamer vonstatten geht als die lokale, ist es wünschenswert, auch Binomialverteilungen für größere n einbeziehen zu können. Bislang wurden die Binomialwahrscheinlichkeiten mit Hilfe einer Rekursionsformel berechnet, wobei die Startwerte in Abhängigkeit von p entweder $B(n,p ; o) = (1-p)^n$ oder $B(n,p ; n) = p^n$ waren. Eine obere Schranke für n bei p = 0,5 bestand zum Beispiel in 127; bei größerem n waren die Startwerte 0 (Rechnergenauigkeit) und damit auch alle anderen Wahrscheinlichkeiten. Hier wird nun ein etwas modifizierter Algorithmus verwendet. Zwar werden die Binomialwahrscheinlichkeiten ebenfalls rekursiv berechnet, allerdings mit B(n,p ; j) als Anfangswert, der in der Regel größer ist als B(n,p ; o) bzw. B(n,p ; n), weil die Binomialverteilungen in der Umgebung des Erwartungswertes ihre maximalen Werte annehmen. Bei diesem Vorgehen ist nun z.B. für p = 0,5 die Wahl von n = 600 möglich. Natürlich kann auch jetzt B(n,p ; j) = 0 sein (Rechnergenauigkeit); dann startet das Programm nach einem kurzen Hinweis neu. Weil die Berechnung von B(n,p ; j) und der übrigen Wahrscheinlichkeiten B(n,p ; k) von $k = j+1$ aufwärts und von $k = j-1$ abwärts unmittelbar im Anschluß an die Eingabe von n und p erfolgt, wechselt das Programm erst nach einer kleinen Verzögerung in den Graphikmodus.

Die Verteilungsfunktionswerte der Normalverteilung werden mit dem Simpsonschen Integrationsverfahren berechnet. Hierbei wird das 120 LE große Intervall [j - 60 ; j + 60] in kleine Intervalle der Länge 1 zerlegt, und in jedem dieser kleinen Intervalle wird die Dichte der Normalverteilung durch ein solches Polynom 2. Grades ersetzt, dessen Funktionswerte am Intervallanfang, in der Mitte und am Ende mit denen der Dichte identisch sind. Und es wird jeweils statt des Flächeninhalts unter der Dichte derjenige unter dem Polynom bestimmt. Wenn nun die Normalverteilung eine kleine Standardabweichung besitzt, steigt die Dichte in einem kleinen Intervall steil an und fällt dort auch wieder ab. Die Lagrange-Interpolation der Dichte durch ein Polynom 2. Grades ist dann problematisch, und das Simpsonverfahren kann keine brauchbaren Ergebnisse liefern. Um solche Fälle auszuschließen (etwa n = 2 und p = 0,1), wird in diesem Unterprogramm verlangt, daß die Standardabweichung mindestens 0,5 betragen muß, sonst startet das Programm nach einem Hinweis neu.

Es werden nun für verschiedene n und p noch einige Abstände Δ aufgeführt:

	p	0,1	0,2	0,3	0,4	0,5
(n = 10)	Δ	0,236	0,178	0,150	0,133	0,123
(n = 100)	Δ	0,083	0,059	0,049	0,043	0,040

	n	10	50	100	200	300	400	500	600
(p = 0,5)	Δ	0,123	0,056	0,040	0,028	0,023	0,020	0,018	0,016

Der mit diesem Programm zu erreichende minimale Abstand ist wohl Δ = 0,009, der sich z.B. bei n = 5000 und p = 0,952 oder n = 10 000 und p = 0,977 ergibt.

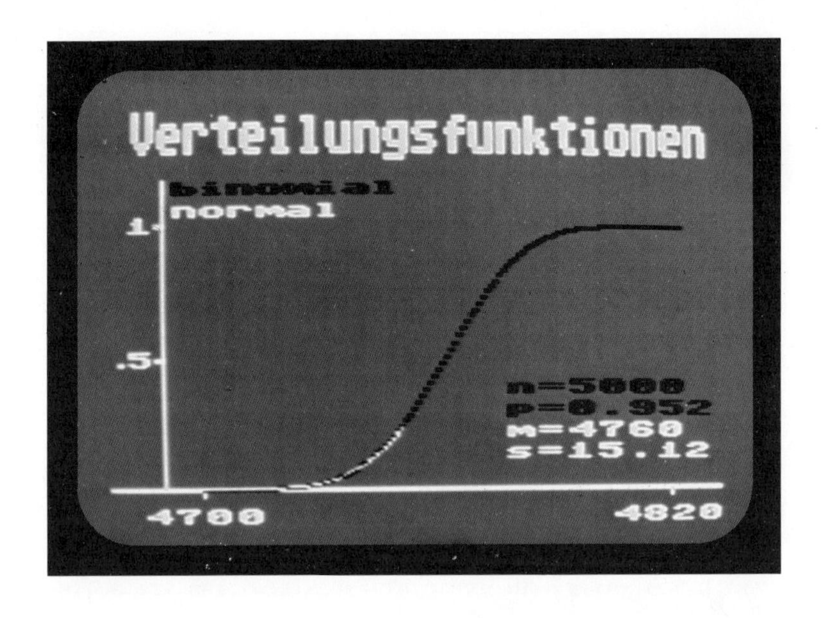
Verteilungsfunktionen
binomial
normal
1
.5
n=5000
p=0.952
m=4760
s=15.12
4700
4820

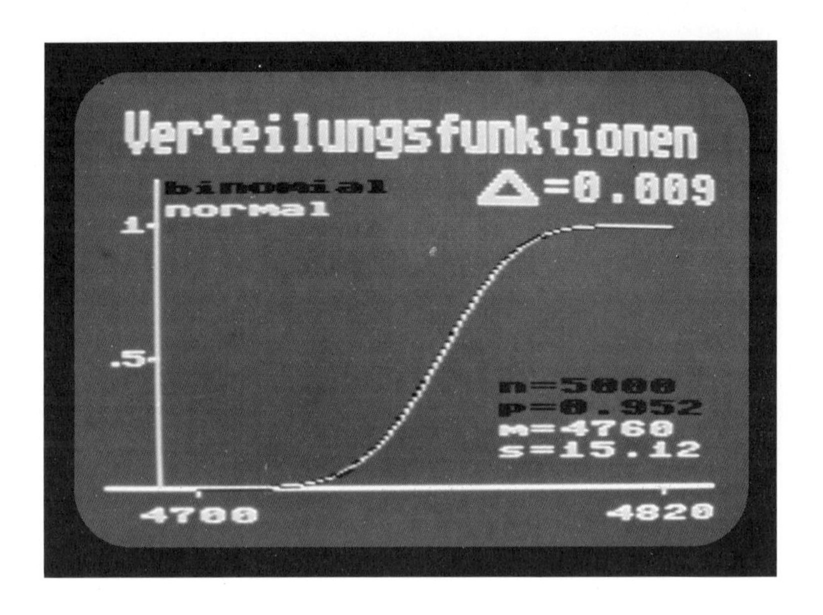
Verteilungsfunktionen
binomial
normal
Δ=0.009
1
.5
n=5000
p=0.952
m=4760
s=15.12
4700
4820

```
870 REM *** INTEGRALER GRENZWERTSATZ ***
880 J=INT(M)
890 IF J>0 AND P<=.5 THEN E=INT((N-J)/J): B=1
900 IF J>0 AND P<=.5 THEN FOR I=1 TO J: B=B*P*Q↑E*(N+1-I)/(J+1-I): NEXT I
910 IF J>0 AND P<=.5 THEN B=B*Q↑(N-(E+1)*J)
920 IF P>.5 THEN E=INT(J/(N-J)): B=1
930 IF P>.5 THEN FOR I=1 TO N-J: B=B*Q*P↑E*(N+1-I)/(N-J+1-I): NEXT I
940 IF P>.5 THEN B=B*P↑(N-(E+1)*(N-J))
950 IF J=0 THEN B=Q↑N
960 IF B=0 THEN PRINT"KEIN KORREKTER ABLAUF MOEGLICH!": PAUSE 5: RUN
970 B(60)=B
980 HIRES 6,15: MULTI 0,1,6
990 LINE 15,180,15,40,3: BLOCK 0,180,160,181,3
1000 BLOCK 13,120,15,121,3: BLOCK 13,60,15,61,3
1010 TEXT 0,117,".5",3,1,5: TEXT 0,57," 1",3,1,5
1020 TEXT 6,7,"V"+"ERTEILUNGSFUNKTIONEN",3,3,7
1030 TEXT 17,40,"BINOMIAL",1,1,7: TEXT 17,50,"NORMAL",2,1,7
1040 TEXT 100,130,"N="+N$,1,1,8: TEXT 100,140,"P="+P$,1,1,8
1050 TEXT 100,150,"M="+M$,2,1,8: TEXT 100,160,"S="+S$,2,1,8
1060 XA=J-60: XE=J+60: XA$=STR$(XA): XE$=STR$(XE)
1070 XA$=STR$(XA): IF XA>0 THEN XA$=RIGHT$(XA$,LEN(XA$)-1)
1080 IF XA>0 THEN L=25-4*LEN(XA$) :ELSE: L=21-4*LEN(XA$)
1090 FOR I=0 TO 1: LINE 25+I*120,180,25+I*120,184,3: NEXT I
1100 TEXT L,190,XA$,3,1,8: TEXT 141-4*LEN(XE$),190,XE$,3,1,8
1110 IF XA>=0 THEN G=XA :ELSE: G=0
1120 IF J>0 THEN FOR I=J-1 TO G STEP-1:B(I-XA)=B(I+1-XA)*Q*(I+1)/(P*(N-I)):NEXTI
1130 FOR I=J+1 TO XE: B(I-XA)=B(I-1-XA)*P*(N-I+1)/(Q*I): NEXT I
1140 IF XA>=0 THEN BS(0)=B(0) :ELSE: BS(0)=0
1150 FOR I=0 TO XE-XA
1160 PH=INT(120*BS(I)+.5): BLOCK 25+I,180-PH,25+I,181-PH,1
1170 IF XA+I+1>=0 THEN BS(I+1)=BS(I)+B(I+1) :ELSE: BS(I+1)=BS(I)
1180 NEXT I
1190 Y(0)=0: F1=180-Y(0)*120
1200 FOR I=0 TO XE-XA-1: X=-M+I+XA
1210 SU=K*(EXP(-.5*(X/S)↑2)+4*EXP(-.5*((X+.5)/S)↑2)+EXP(-.5*((X+1)/S)↑2))
1220 SU=SU/6: Y(I+1)=Y(I)+SU: F2=180-INT(Y(I+1)*120+.5)
1230 LINE 25+I,F1,25+I+1,F2,2: F1=F2: NEXT I
1240 UM=0: FOR I=0 TO XE-XA
1250 U=ABS(BS(I)-Y(I)): IF U>UM THEN UM=U
1260 NEXT I
1270 UM=INT(UM*1000+.5)/1000
1280 UM$=STR$(1+UM): UM$=RIGHT$(UM$,LEN(UM$)-1): UM$=INST("0",UM$,0)
1290 UM$=UM$+RIGHT$(".000",5-LEN(UM$))
1300 TEXT 95,36,"/\",3,2,7: TEXT 111,36,"="+UM$,3,2,8: TEXT 95,48,"—",3,2,7
1310 WAIT 203,63: CSET 0
1320 RETURN
```

Programmaufbau

Zeilen

870-1320:	Unterprogramm integraler Grenzwertsatz
880:	In früheren Programmen sind B(n,p ; o) bzw. B(n,p ; n) Startwerte für rekursive Berechnung der übrigen Binomialwahrscheinlichkeiten; hier ist es B(n,p ; j), das nahe beim Erwartungswert, eher ungleich Null ist (im Rahmen der Rechnergenauigkeit) und somit größere Werte von n ermöglicht
890- 940:	Berechnung von B(n,p ; j) (abgespeichert in B) erfolgt teilweise rekursiv (vgl. Zeile 900 bzw. 930); um dabei möglichst einen "overflow error" zu vermeiden, geschieht Multiplikation mit Q↑E bzw. P↑E (Zeilen 900, 930); Berücksichtigung der noch fehlenden P bzw. Q in Zeile 910 bzw. 940
950:	B(n,p ; o) ist Startwert, wenn j = 0 ist
960:	Hinweis bei B(n,p ; j) = 0 (Rechnergenauigkeit); nach 5 Sekunden zurück ins Menü
970:	Es wird nur ein Ausschnitt der Verteilungsfunktionen im Intervall [J - 60; J + 60] dargestellt; deshalb Abspeicherung des Binomialwertes B(n,p ; j) in die Variable B(60) (hilft höhere Dimensionierung der Variablen B zu vermeiden)
970:	Multi-Colour-Graphikmodus
990-1010:	Koordinatenachsen; Skalierung und Beschriftung vertikale Achse
1020:	Überschrift Graphikbildschirm
1030-1050:	Oben an vertikaler Achse Schriftzug "binomial" und "normal" in schwarzer bzw. weißer Farbe; Ausgabe der aktuellen Parameter n,p und m,s in schwarz bzw. weiß
1060-1070:	XE und XA sind linke und rechte Intervallgrenze auf horizontaler Achse; Stringdarstellung für XE und XA
1080-1100:	Unter eingezeichneten Intervallgrenzen "positionierte" Notierung von XA$ und XE$
1110-1130:	Rekursive Berechnung (in zwei Teilen) der maximal 121 Wahrscheinlichkeiten B(n,p ; i) für max $\{0, XA\} \leq i \leq XE$; Abspeicherung in die Variablen B(0) bis B(120); Startwert ist B(n,p ;j); im Falle N < XE sind wegen B(N + 1 - XA) = 0 auch alle folgenden B(K) = 0
1140-1180:	Aufsummierung der Binomialwahrscheinlichkeiten in BS(I); im Intervall [XA , XE] schrittweises Zeichnen der diskreten Verteilungsfunktion (Binomialverteilung) in schwarzer Farbe

1190-1230: Im Intervall [XA , XE] schrittweises Zeichnen der stetigen Verteilungsfunktion (Normalverteilung) in weißer Farbe; Aufsummierung der Wahrscheinlichkeiten in Y(I); Berechnung der Wahrscheinlichkeiten mit Hilfe des Simpsonschen Integrationsverfahrens

1240-1260: Berechnung des maximalen absoluten Abstandes der beiden Verteilungsfunktionen (im Intervall)

1270-1300: Formatierung des Abstandswertes und Ausgabe auf den Graphikbildschirm

1310-1320: Nach Tastendruck Wechsel in Textmodus; Unterprogrammende.

Programm 16: SIMULATION MOIVRE-LAPLACE

Programmbeschreibung

Das Anliegen ist, den lokalen Grenzwertsatz von Moivre-Laplace experimentell zu bestätigen. Dazu werden mit Hilfe des im Computer vorhandenen Zufallszahlengenerators 500 Bernoulli-Ketten der Länge n simuliert. Jede solche Bernoulli-Kette besteht also aus n Bernoulli-Versuchen mit der Erfolgswahrscheinlichkeit p $(0 < p < 1)$, d.h. insgesamt werden $500 \cdot n$ Bernoulli-Versuche durchgeführt. Sind nun in einer Bernoulli-Kette k Treffer $(0 \leq k \leq n)$ eingetreten, wird dieses Ergebnis in folgender Weise registriert: In einem Koordinatensystem, in dem auf der Abszisse die Anzahl der Erfolge k und auf der Ordinate die absoluten Häufigkeiten H(k) abgetragen sind, wächst ein Histogrammblock über k um eine Einheit (dünner Strich).

Man kann nun die relativen Häufigkeiten $R(k) = \frac{H(k)}{500}$ als Schätzwerte für die Binomialwahrscheinlichkeiten $B(n,p\,;k)$ betrachten. Kennzeichnet die Höhe des Histogrammblocks über k bislang die absolute Häufigkeit, wie oft sich unter den 500 Bernoulli-Ketten solche mit genau k Erfolgen ergeben, so soll sie jetzt die relative Häufigkeit R(k) messen. Dafür muß die Skalierung der Ordinate verändert werden. Der Höhe von 500 "dünnen Strichen" entspricht die Wahrscheinlichkeit 1; demgemäß verwandelt sich 50 in 0,1 und 100 in 0,2. Anschließend wird über das schwarze Histogramm die Dichte der Normalverteilung mit den Parametern $m = n \cdot p$ und $s = \sqrt{n \cdot p(1-p)}$ in weiß gezeichnet. Man erkennt, daß die Dichte sich dem Histogramm anpaßt, und zwar in der Regel umso besser, je größer n ist und je näher p bei 0,5 liegt.

Da das lokale Grenzverhalten schon bei kleinem n recht gut ist (vgl. Programm MOIVRE-LAPLACE), erscheint es vertretbar, für die Länge der Bernoulli-Ketten maximal 26 zuzulassen. Das bringt zwei Vorteile mit sich, einen optischen, da die Histogramme breiter sein können, und einen zeitlichen, weil der Programmablauf kürzer ist.

Es kann passieren, daß die Histogramme oben über den Bildschirmrand hinausgehen. Um so etwas möglichst zu verhindern, seien für die Wahl von n und p, die zu Beginn des Programms erfolgt, einige Anhaltspunkte gegeben. Für die unten aufgeführten n sollte p aus dem bezeichneten Intervall stammen:

$n = 6$: $0{,}3 \leq p \leq 0{,}7$; $n = 8$: $0{,}25 \leq p \leq 0{,}75$; $n = 10$: $0{,}2 \leq p \leq 0{,}8$;
$n = 15$: $0{,}15 \leq p \leq 0{,}85$; $n = 20$: $0{,}1 \leq p \leq 0{,}9$; $n = 25$: $0{,}05 \leq p \leq 0{,}95$;

```
10 REM *********************************************************
20 REM SIMULATIONEN ZUM GRENZWERTSATZ VON MOIVRE-LAPLACE (GRAFIK)
30 REM - ALBRECHT 1984 -
40 REM *********************************************************
50 POKE 53280,14: POKE 53281,15: PRINT""
60 PRINT""TAB(7)"┌───────────────────────┐": PRINT TAB(7)"|"TAB(31)"|"
70 PRINT TAB(7)"|      SIMULATIONEN      |": PRINT TAB(7)"|"TAB(31)"|"
80 PRINT TAB(7)"| ZUM GRENZWERTSATZ VON |": PRINT TAB(7)"|"TAB(31)"|"
90 PRINT TAB(7)"|     MOIVRE-LAPLACE     |": PRINT TAB(7)"|"TAB(31)"|"
100 PRINT TAB(7)"|        -GRAFIK-        |": PRINT TAB(7)"|"TAB(31)"|"
110 PRINT TAB(7)"└───────────────────────┘"
120 DIM Y(27),D(160),F(160)
130 INPUT"LAENGE DER BERNOULLI-KETTE N";N
140 IF N<1 OR N>26 OR N<>INT(N) THEN RUN
150 INPUT"WAHRSCHEINLICHKEIT P";P: IF P<=0 OR P>=1 THEN RUN
160 HIRES 6,15: MULTI 0,1,6
170 LINE 25,180,25,40,3: BLOCK 0,180,160,181,3
180 FOR I=0 TO 31: LINE I*5,180,I*5,184,3: NEXT I
190 FOR I=0 TO 30 STEP 5: LINE I*5,184,I*5,187,3: NEXT I
200 TEXT 21,190,"0",3,1,6
210 FOR I=10 TO 20 STEP 10: TEXT 11+I*5,190,STR$(I),3,1,7: NEXT I
220 TEXT 6,7,"H"+"AEUFIGKEITEN BEI 500",1,1,7
230 TEXT 6,17,"B"+"ERNOULLI-"+"K"+"ETTEN DER",1,1,7
240 P$=STR$(P+1): P$=RIGHT$(P$,LEN(P$)-2): P$="0"+P$
250 TEXT 6,27,"L"+"AENGE"+STR$(N)+"  (P="+P$+")",1,1,7
260 BLOCK 23,130,25,131,3: BLOCK 23,80,25,81,3
270 TEXT 7,127,"50",1,1,7: TEXT 0,77,"100",1,1,7
280 Z=RND(-TI)
290 FOR J=1 TO 500
300 X=0
310 FOR I=1 TO N: Z=INT(RND(1)+P): X=X+Z: NEXT I
320 Y(X)=Y(X)+1: IF Y(X)<=180 THEN LINE 23+X*5,180-Y(X),27+X*5,180-Y(X),1
330 NEXT J
340 TEXT 6,7,"H"+"AEUFIGKEITEN BEI 500",0,1,7
350 TEXT 6,17,"B"+"ERNOULLI-"+"K"+"ETTEN DER",0,1,7
360 TEXT 6,27,"L"+"AENGE"+STR$(N)+"  (P="+P$+")",0,1,7
370 TEXT 7,127,"50",0,1,7: TEXT 0,77,"100",0,1,7
380 FOR I=0 TO N: Y(I)=0: NEXT I
390 M=N*P: S=SQR(N*P*(1-P)): K=1/(S*SQR(2*π))
400 M$=STR$(INT(M*10+.5)/10): M$=RIGHT$(M$,LEN(M$)-1)
410 IF LEFT$(M$,1)="." THEN M$="0"+M$
420 S$=STR$(INT(S*10+.5)/10): S$=RIGHT$(S$,LEN(S$)-1)
430 IF LEFT$(S$,1)="." THEN S$="0"+S$
440 TEXT 6,7,"D"+"ICHTE DER "+"N"+"ORMALVER-",2,1,7
450 TEXT 6,17,"TEILUNG (M="+M$+";S="+S$+")",2,1,7
460 TEXT 0,127,"0.1",2,1,7: TEXT 0,77,"0.2",2,1,7
470 X=-5: D(0)=K*EXP(-.5*((X-M)/S)↑2): F(0)=180-D(0)*500
480 FOR I=1 TO 159
490 X=-5+I*.2
500 D(I)=K*EXP(-.5*((X-M)/S)↑2): F(I)=180-D(I)*500
510 IF F(I-1)>=0 AND F(I)>=0 THEN LINE I-1,F(I-1),I,F(I),2
520 NEXT I
530 WAIT 203,63: CSET 0
540 FOR I=0 TO 1: PRINT AT(3,16+3*I)"                                        ": NEXT I
550 PRINT AT(0,12)"": GOTO 130
```

Programmaufbau

Zeilen

50-110:	Bildschirmfarben im Textmodus; eingerahmte Überschrift
120:	Dimensionierung der Variablen
130-150:	Eingaben; evtl. Neustart
160:	Multi-Colour-Graphikmodus
170-190:	Koordinatenachsen mit Skalierung der horizontalen Achse
200-210:	Beschriftung der Abszisse
220-250:	1. Überschrift auf dem Graphikbildschirm mit aktuellen Parametern n und p (in schwarz)
260-270:	Unterteilung und 1. Beschriftung der vertikalen Achse (in schwarz)
280:	Bei Erzeugung der ersten Zufallszahl durch RND(- TI) erhält man bei jedem Programmablauf eine neue Startzahl für den Zufallsgenerator
290-330:	Simulation einer Bernoulli-Kette der Länge n in Zeile 310; Z nimmt die Werte 1 mit Wahrscheinlichkeit p und 0 mit Wahrscheinlichkeit 1 - p an; X zählt die Anzahl der Erfolge in einer Bernoulli-Kette, deshalb X = 0 bei jeder neuen Bernoulli-Kette; Y(X) zählt, bei wie vielen von den 500 Bernoulli-Ketten genau X Erfolge auftreten; in Zeile 320 wird der Histogrammblock über X um einen dünnen Strich erhöht, wenn der obere Bildschirmrand noch nicht erreicht ist.
340-370:	Löschen der 1. Überschrift des Graphikbildschirms und der 1. Beschriftung der Ordinate
380:	Alle Y(I) = 0 für einen evtl. folgenden Programmablauf
390:	Berechnung der Parameter und einer Konstanten für die Normalverteilung
400-430:	Stringdarstellung für den Erwartungswert m und die Standardabweichung s
440-450:	2. Überschrift auf dem Graphikbildschirm mit den aktuellen Parametern m und s (in weiß)
460:	2. Beschriftung der Ordinate (in weiß)
470-520:	Berechnung der Dichte der Normalverteilung für die 160 X-Werte X = - 5 + I • 0,2 , I = 0,...,159 und Abspeicherung in D(I); F(I) ist die D(I) entsprechende Bildschirmordinate; Verbindung der Bildschirmpunkte (I - 1, F(I - 1)) und (I, F(I)), falls weder F(I - 1) noch F(I) kleiner Null sind
530:	Warten auf Tastendruck; "RUN/STOP" beendet das Programm, sonst zurück in den Textmodus
540:	Löschen der alten Eingaben auf der Textseite
550:	Positionierung des Cursors und neuer Programmdurchlauf

Programm 17: NORMALVERTEILUNG

Die Textseite enthält neben der Funktionsgleichung für die Dichte D(M,S; X) der Normalverteilung mit dem Erwartungswert M und der Standardabweichung S ein Menü. Das Graphikunterprogramm ruft man mit "1" bzw. "2" auf, das Unterprogramm BERECHNUNG mit "3". Danach wird das Menü gelöscht, und bei jeder Wahl sind zuerst die Parameter M und S festzulegen.

Programmbeschreibung (Graphik)

Der Graph der Dichte bzw. der Verteilungsfunktion wird ausschnittsweise in demselben Koordinatensystem dargestellt, dessen x-Bereich von -4 bis 4 und dessen y-Bereich von 0 bis 1,5 reicht. Demgemäß besitzt die vertikale Achse zwei Beschriftungen: D(x) für die Dichte und F(x) für die Verteilungsfunktion. Zur besseren optischen Unterscheidbarkeit kennzeichnet die Farbe schwarz die Dichte und die Farbe weiß die Verteilungsfunktion. Das gilt auch für die jeweiligen Parameter, die am linken Bildschirmrand untereinander aufgelistet werden. Damit dadurch nicht zu viel Platz beansprucht wird, sollten die Parameter höchstens eine Nachkommastelle haben. Beim Graphikunterprogramm muß M im Intervall [-3,3] liegen, und S darf den Wert 0,1 nicht unterschreiten. Um das Maximum der Dichte noch auf dem Bildschirm sehen zu können, sollte bei Wahl von "1" S $\geq$ 0,23 sein.

Nur durch Drücken der "SHIFT"-Taste gelangt man ins 1. Menü zurück. Man kann sich nun nacheinander bis zu 6 Graphen von Dichten und (oder) Verteilungsfunktionen in das Koordinatensystem zeichnen lassen (bei Verteilungsfunktionen dauert es für größere S etwas länger) und studieren, wie sich eine Veränderung der Parameter auswirkt. Erst nachdem 6 Graphen dargestellt worden sind, wird der Graphikbildschirm gelöscht. Auch ein zwischenzeitlicher Ablauf des Unterprogramms BERECHNUNG ändert daran nichts.

Aus allen Unterprogrammen kann man durch gleichzeitiges Drücken der Tasten "RUN/STOP" und "RESTORE" aussteigen.

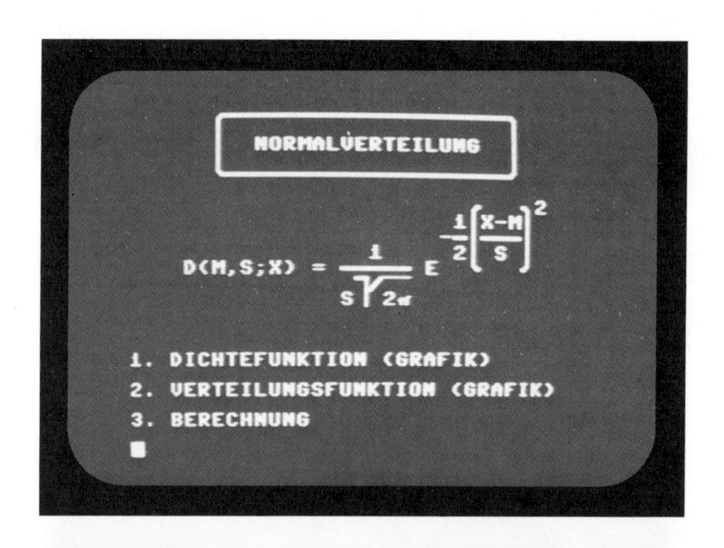
NORMALVERTEILUNG
D(M,S;X) = 1 / S√2π E^(-1/2((X-M)/S)^2)
1. DICHTEFUNKTION (GRAFIK)
2. VERTEILUNGSFUNKTION (GRAFIK)
3. BERECHNUNG

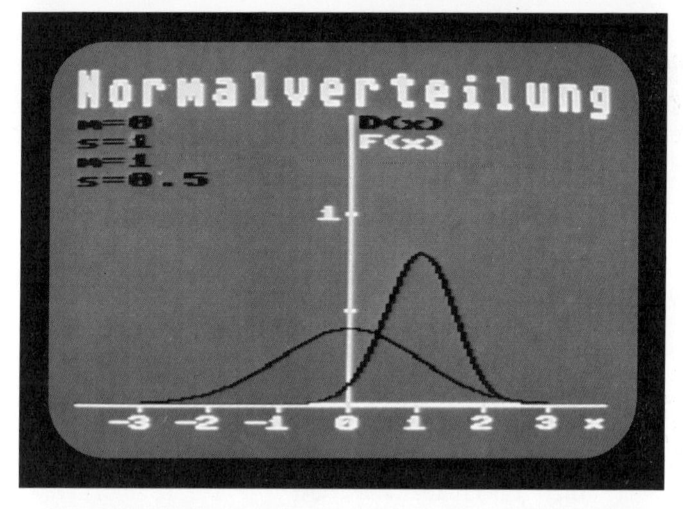
Normalverteilung
m=0
s=1
m=1
s=0.5
D(x)
F(x)
1
-3 -2 -1 0 1 2 3 x

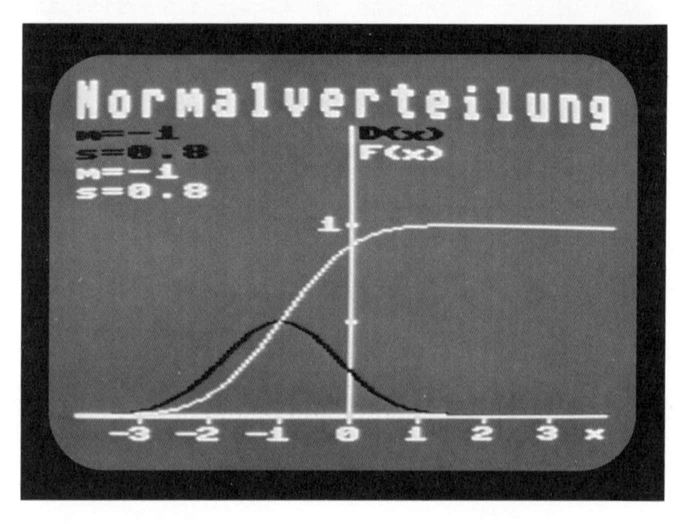
Normalverteilung
m=-1
s=0.8
m=-1
s=0.8
D(x)
F(x)
1
-3 -2 -1 0 1 2 3 x

```
10 REM *****************
20 REM NORMALVERTEILUNG
30 REM - ALBRECHT 1984 -
40 REM *****************
50 COLOUR 14,15: PRINT"■"
60 DIM Y(160),V(160)
70 PRINT"■■"TAB(9)"┌──────────────────┐": PRINT TAB(9)"|"TAB(30)"|"
80 PRINT TAB(9)"|  NORMALVERTEILUNG  |":PRINT TAB(9)"|"TAB(30)"|"
90 PRINT TAB(9)"└──────────────────┘"
100 PRINT"■"TAB(27)"┌   ┐2": PRINT TAB(26)"1|X-M|": PRINT TAB(25)"--|---|"
110 PRINT TAB(20)"1      2| S |": PRINT TAB(7)"D(M,S;X) = ──── E  └   ┘"
120 PRINT TAB(18)" ─\/──": PRINT TAB(18)"S | 2π"
130 PRINT"■■■■■■1. DICHTEFUNKTION (GRAFIK)"
140 PRINT"■■■■2. VERTEILUNGSFUNKTION (GRAFIK)"
150 PRINT"■■■■3. BERECHNUNG"
160 PRINT"■■■■";: FETCH"123",1,W$: W=VAL(W$)
170 FOR I=1 TO 7: PRINT AT(0,16+I)"                                                  ": NEXT I
180 PRINT AT(0,13)""
190 INPUT"■■■■■■ERWARTUNGSWERT M";M
200 IF (W=1 OR W=2) AND (M<-3 OR M>3) THEN RUN
210 INPUT"■■■■STANDARDABWEICHUNG S";S
220 IF S<=0 THEN RUN
230 IF (W=1 OR W=2) AND S<.1 THEN RUN
240 ON W GOSUB 260,260,720
250 IF W=1 OR W=2 THEN 130 :ELSE: GOTO 100
260 REM *** GRAFIK ***
270 C=C+1: IF C=7 THEN C=1
280 IF C=1 THEN HIRES 6,15: MULTI 0,1,6 :ELSE: CSET 2: MULTI 0,1,6: GOTO 380
290 BLOCK 0,180,159,181,3: LINE 80,180,80,30,3
300 BLOCK 79,130,81,131,3: BLOCK 79,80,81,81,3
310 TEXT70,77,"1",3,1,6
320 FOR I=1 TO 7:LINE I*20,180,I*20,184,3: NEXT I
330 FOR I=3 TO 1 STEP -1: I$=STR$(-I): TEXT10+(3-I)*20,187,I$,3,1,6: NEXT I
340 FOR I=0 TO 3:I$=STR$(I): TEXT 70+I*20,187,I$,3,1,6: NEXT I
350 TEXT152,187,"■X",3,1,6
360 TEXT1,4,"■N"+"■ORMALVERTEILUNG",3,3,10
370 TEXT 82,30,"■D"+"■(X)",1,1,6: TEXT 82,40,"■F"+"■(X)",2,1,6
380 M$=STR$(M): M$=RIGHT$(M$,LEN(M$)-1)
390 IF M>0 AND M<1 THEN M$="0"+M$
400 IF -1<M AND M<0 THEN M$="-0"+M$
410 IF M<=-1 THEN M$="-"+M$
420 S$=STR$(S): S$=RIGHT$(S$,LEN(S$)-1): IF S<1 THEN S$="0"+S$
430 IF W$="1" THEN TEXT1,10+C*20,"■M="+M$,1,1,8: TEXT1,20+C*20,"■S="+S$,1,1,8
440 IF W$="2" THEN TEXT1,10+C*20,"■M="+M$,2,1,8: TEXT1,20+C*20,"■S="+S$,2,1,8
450 K=1/(S*SQR(2*π)): X0=-(4+M)
460 ON W GOSUB 510,570
470 WAIT 653,1: CSET 0
480 FOR I=1 TO 3: PRINT AT(0,15+I)"                                                  ": NEXT I
490 PRINT AT(0,13)""
500 RETURN
510 REM *** DICHTE ***
520 Y(0)=K*EXP(-.5*(X0/S)↑2): Y(0)=180-INT(100*Y(0)+.5)
530 FOR I=1 TO 159: X=X0+I*.05: Y(I)=K*EXP(-.5*(X/S)↑2)
540 Y(I)=180-INT(100*Y(I)+.5): IF Y(I-1)<0 OR Y(I)<0 THEN NEXT I
550 LINE I-1,Y(I-1),I,Y(I),1: NEXT I
560 RETURN
```

Programmaufbau

Zeilen

50:	Bildschirmfarben im Textmodus
60:	Dimensionierung der Variablen
70- 90:	Eingerahmte Überschrift
100-120:	Funktionsgleichung für die Dichte der Normalverteilung
130-160:	1. Menü
170-180:	Löschen des 1. Menüs; Positionierung des Cursors
190-230:	Eingaben; evtl. Neustart
240:	Sprung ins gewählte Unterprogramm
250:	Nach einem Graphikunterprogramm steht die Funktionsgleichung für die Dichte noch auf der Textseite, deshalb Sprung nach 130, sonst nach 100
260-500:	Unterprogramm Graphik; hierzu Aufruf zweier weiterer Unterprogramme zum Zeichnen der Dichte (Zeilen 510-560) und der Verteilungsfunktion (Zeilen 570-710)
270:	Bis zu 6 Graphen können im selben Koordinatensystem dargestellt werden; C zählt die Anzahl der Graphen
280:	Bei C = 1 wird der erste Graph gezeichnet; ist C > 1, wird die alte Graphikseite benutzt, deshalb Sprung nach 380
290:	Koordinatenachsen
300-350:	Skalierung und Beschriftung der vertikalen und der horizontalen Achse
360-370:	Überschrift des Graphikbildschirms; Schriftzug D(x) und F(x) an der Ordinate
380-440:	Stringdarstellung für die Parameter M und S und ihre Ausgabe für die Dichte in schwarz und für die Verteilungsfunktion in weiß
450:	Berechnung der Konstanten K; Einführung von X0, damit in den Zeilen 520 und 530 bzw. 600 und 640 in der Formel für die Dichte nicht jedesmal (X - M) berechnet werden muß
460:	Bei Wahl von 1 wird die Dichte, bei 2 die Verteilungsfunktion gezeichnet
470:	Nach Fertigstellung des Graphen nur mit "SHIFT" zurück in Textmodus
480-490:	Löschen der alten Eingaben für M und S; Positionierung des Cursors
500:	Rückkehr aus dem Unterprogramm Graphik nach Zeile 250
510-560:	Die Dichte wird im Intervall [-4,4] gezeichnet; dabei enthält Y(I) jeweils zuerst den Funktionswert der Dichte, danach die Bildschirmordinate; Verbindung der Bildschirmpunkte (I - 1, Y(I - 1)) und (I, Y(I)) erfolgt nur, wenn weder Y(I - 1) noch Y(I) kleiner als 0 ist.

```
570 REM *** VERTEILUNGSFUNKTION ***
580 L=0: Y(0)=0
590 : REPEAT
600 :  X=X0-.5*L: DI=K*EXP(-.5*(X/S)↑2): L=L+1
610 : UNTIL DI<.001
620 XA=X0-.5*L
630 FOR I=0 TO L-1: X=XA+I*.5
640 SU=K*(EXP(-.5*(X/S)↑2)+4*EXP(-.5*((X+.25)/S)↑2)+EXP(-.5*((X+.5)/S)↑2))
650 SU=.5*SU/6: Y(0)=Y(0)+SU: NEXT I
660 V(0)=180-INT(100*Y(0)+.5)
670 FOR I=1 TO 159: X=X0+(I-1)*.05
680 SU=K*(EXP(-.5*(X/S)↑2)+4*EXP(-.5*((X+.025)/S)↑2)+EXP(-.5*((X+.05)/S)↑2))
690 SU=.05*SU/6: Y(I)=Y(I-1)+SU
700 V(I)=180-INT(100*Y(I)+.5): LINE I-1,V(I-1),I,V(I),2: NEXT I
710 RETURN
```

Programmaufbau

Zeilen

570-710: Darstellung der Verteilungsfunktion im Intervall [-4,4]

580: Y(0) enthält später den Verteilungsfunktionswert am linken Intervallrand

590-620: Von X0 ausgehend wird mit der Schrittlänge 0,5 so lange nach "links gegangen", bis der Funktionswert der Dichte an der Stelle XA kleiner als 0,001 ist; L zählt die Anzahl der Schritte

630-650: Zur näherungsweisen (ausreichend exakten) Bestimmung von Y(0) wird statt des Integrals der Dichte im Intervall (-∞,X0] das im Intervall [XA ; X0] berechnet (mit Hilfe des Simpson-Verfahrens)

660-700: Zeichnen der Verteilungsfunktion (Zeile 700); Abspeicherung der Verteilungsfunktionswerte in Y(I) und der zugehörigen Bildschirmordinaten in V(I); Berechnung der Y(I) nach Simpson

Programmbeschreibung (Berechnung)

Auf dem Bildschirm erscheint ein weiteres Menü, das die Berechnung von drei Wahrscheinlichkeiten zur Auswahl stellt. Sei Z eine normalverteilte Zufallsvariable mit den eingegebenen Parametern M und S. Nun kann man sich durch Eintippen einer der drei Nummern 1, 2, 3 für die Bestimmung von $P(Z \leq B)$, $P(Z \geq A)$ oder $P(A \leq Z \leq B)$ entscheiden. Je nach Wahl müssen danach die obere Grenze B, die untere Grenze A bzw. die untere und obere Grenze angegeben werden. Nach kurzer Zeit wird dann die gesuchte Wahrscheinlichkeit angezeigt (auf 4 Nachkommastellen gerundet). "SHIFT" führt wieder ins 1. Menü zurück.
Obwohl auch hier die Integrale mit Hilfe des Simpsonschen Integrationsverfahrens ausgewertet werden, gibt es anders als beim Programm MOIVRE-LAPLACE für die Standardabweichung S keine weiteren Einschränkungen (natürlich muß im Rahmen der Rechnergenauigkeit $S > 0$ sein); denn die Wahrscheinlichkeiten werden erst nach einer geeigneten Transformation auf die Standardnormalverteilung ermittelt. Weil deren Standardabweichung $S = 1$ ist, ergeben sich nicht die beim Programm MOIVRE-LAPLACE erwähnten Schwierigkeiten für zu kleine Werte von S.
Wegen des Grenzwertsatzes von Moivre-Laplace erlaubt dieses Unterprogramm bei hinreichend großem n auch eine angenäherte Bestimmung von Binomialwahrscheinlichkeiten, deren Berechnung mit dem Programm BINOMIAL nicht möglich ist. Als Beispiel sei das folgende Problem diskutiert: Gesucht ist die Wahrscheinlichkeit $P(95 \leq X \leq 105)$, wobei X eine gemäß $B(200; 0{,}5)$ - binomialverteilte Zufallsvariable ist. Man läßt das Programm NORMAL BERECHNUNG laufen mit dem Erwartungswert $E(X) = 200 \cdot 0{,}5 = 100$ für M und der Standardabweichung $S(X) = \sqrt{200 \cdot 0{,}5 \cdot 0{,}5}$ $\approx 7{,}07106781$ für S, wobei die Grenzen $A = 94{,}5$ und $B = 105{,}5$ (mit Stetigkeitskorrektur) gewählt werden. Die exakte Binomialwahrscheinlichkeit beträgt 0,5631 , während man mit unserem Programm 0,5629 erhält.

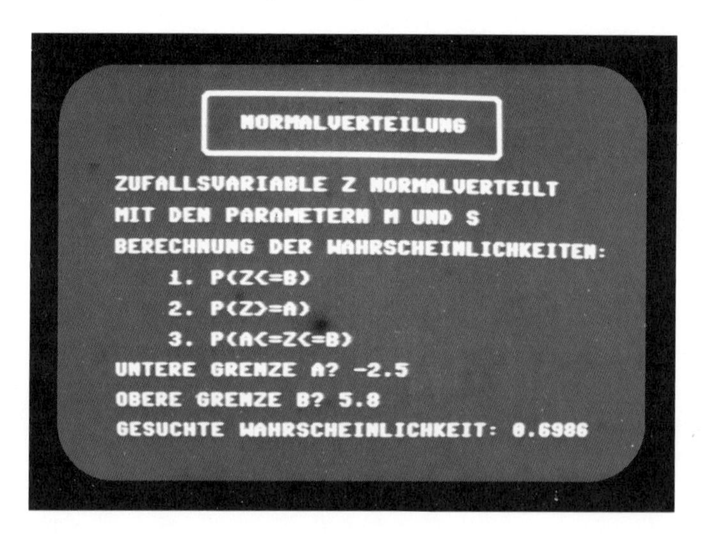

```
720 REM *** BERECHNUNG ***
730 FOR I=1 TO 13: PRINT AT(0,6+I)"                                        ": NEXT I
740 PRINT AT(0,4)""
750 PRINT"ZUFALLSVARIABLE Z NORMALVERTEILT"
760 PRINT"MIT DEN PARAMETERN M UND S"
770 PRINT"BERECHNUNG DER WAHRSCHEINLICHKEITEN:"
780 PRINT"1. P(Z<=B)"
790 PRINT"2. P(Z>=A)"
800 PRINT"3. P(A<=Z<=B)"
810 PRINT"";: FETCH"123",1,W1$: W1=VAL(W1$)
820 IF W1=2 OR W1=3 THEN INPUT"UNTERE GRENZE A";A: PRINT
830 IF W1=1 OR W1=3 THEN INPUT"OBERE GRENZE B";B: PRINT
840 IF W1=3 AND A>B THEN RUN
850 GA=(A-M)/S: GB=(B-M)/S
860 ON W1 GOTO 870,900,930
870 IF GB>6 THEN F$="1.0000": GOTO 1130
880 IF GB<-6 THEN F$="0.0000": GOTO 1130
890 IF GB>=0 THEN U=0: O=GB: F=.5: GOTO 1010 :ELSE: U=-6: O=GB: F=0: GOTO 1010
900 IF GA>6 THEN F$="0.0000": GOTO 1130
910 IF GA<-6 THEN F$="1.0000": GOTO 1130
920 IF GA<=0 THEN U=GA: O=0: F=.5: GOTO 1010 :ELSE: U=GA: O=6: F=0: GOTO 1010
930 U=GA: O=GB: F=0
940 IF GA<-6 AND GB>6 THEN F$="1.0000": GOTO 1130
950 IF GA>6 THEN F$="0.0000": GOTO 1130
960 IF GB<-6 THEN F$="0.0000": GOTO 1130
970 IF GA<-6 AND GB<0 THEN U=-6: O=GB: F=0
980 IF GA<-6 AND GB>=0 THEN U=0: O=GB: F=.5
990 IF GB>6 AND GA>=0 THEN U=GA: O=6: F=0
1000 IF GB>6 AND GA<0 THEN U=GA: O=0: F=.5
1010 K=1/SQR(2*π): X=U
1020 IF X+.2>=O THEN 1070
1030 : REPEAT
1040 :   SU=K*(EXP(-.5*X↑2)+4*EXP(-.5*(X+.1)↑2)+EXP(-.5*(X+.2)↑2))
1050 :   SU=.2*SU/6: F=F+SU: X=X+.2
1060 : UNTIL X+.2>O
1070 D=O-X
1080 SU=K*(EXP(-.5*(O-D)↑2)+4*EXP(-.5*(O-D/2)↑2)+EXP(-.5*O↑2)): SU=D*SU/6
1090 F=F+SU: F=INT(10000*F+.5)/10000+1
1100 IF F=2 THEN F$="1.0000": GOTO 1130
1110 F$=STR$(F): F$=RIGHT$(F$,LEN(F$)-1): F$=INST("0",F$,0)
1120 F$=F$+RIGHT$(".0000",6-LEN(F$))
1130 PRINT"GESUCHTE WAHRSCHEINLICHKEIT: "F$
1140 WAIT 653,1
1150 FOR I=1 TO 17: PRINT AT(2,6+I)"                                        ":NEXT
1160 PRINT AT(0,5)""
1170 RETURN
```

Programmaufbau

Zeilen

720-1170: Unterprogramm Berechnung

730- 740: Löschen der Funktionsgleichung und der Parametereingaben; Positionierung des Cursors

750- 810: 2. Menü

820- 840: Eingaben der Grenzen; evtl. Neustart

850: Transformation der Grenzen, da Berechnungen an der Standardnormalverteilung durchgeführt werden

860-1000: Zur Beschleunigung des Ablaufs gibt es im Vergleich zu den anderen Programmen eine unübliche Anzahl von Goto-Befehlen; F enthält zum Schluß die gesuchte Wahrscheinlichkeit, F$ deren formatierten Wert; die Symmetrie der Standardnormalverteilung wird ausgenutzt; das Integral der Dichte im Intervall [-6,0] bzw. [0,6] beträgt 0,5 (auf 4 Nachkommastellen gerundet); in den Fällen, wo in den Zeilen ein Goto 1130 steht, müssen gar keine Berechnungen ausgeführt werden, da die Wahrscheinlichkeiten entweder 1,0000 oder 0,0000 sind; die eigentlichen Berechnungen (vgl. Zeilen 1020 - 1090) werden nur noch für das Intervall [U,O] vorgenommen

1010: Bestimmung der Konstanten K

1020: Ist die Länge des Intervalls [U,O] kleiner oder gleich 0,2 , werden nur die Berechnungen ab Zeile 1070 vorgenommen

1030-1060: Zerlegung von [U,O] in kleine Intervalle der Länge 0,2 bis auf ein Restintervall mit einer Länge < 0,2; in jedem Intervall der Länge 0,2 angenäherte Ermittlung des Integrals nach Simpson, Abspeicherung in SU und Aufsummierung in F

1070-1090: Berechnung des Integrals über dem kleinen Restintervall, Addition dieses Wertes zu F; Rundung von F auf 4 Nachkommastellen; Addition von 1 zu F erfolgt zur Vermeidung von Exponentialschreibweise

1100-1130: Stringdarstellung für F und Ausgabe auf den Monitor

1140-1160: Nach Betätigung von "SHIFT" Löschen des 2. Menüs und Positionierung des Cursors

1170: Unterprogrammende und Rücksprung nach Zeile 250